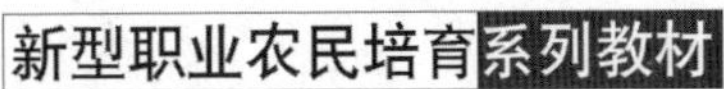

水稻规模生产与经营

范回桥　杨少波　李景江　主编

中国农业科学技术出版社

图书在版编目（CIP）数据

水稻规模生产与经营 / 范回桥，杨少波，李景江主编 .—北京：中国农业科学技术出版社，2017. 5

ISBN 978-7-5116-3042-1

Ⅰ. ①水⋯　Ⅱ. ①范⋯②杨⋯③李⋯　Ⅲ. ①水稻栽培　Ⅳ. ①S511

中国版本图书馆 CIP 数据核字（2017）第 078310 号

责任编辑　白姗姗
责任校对　李向荣

出 版 者　中国农业科学技术出版社
北京市中关村南大街 12 号　邮编：100081
电　　话　(010)82106638(编辑室)　(010)82109702(发行部)
(010)82109709(读者服务部)
传　　真　(010)82106650
网　　址　http://www.castp.cn
经 销 者　各地新华书店
印 刷 者　北京富泰印刷有限责任公司
开　　本　850 mm×1 168 mm　1/32
印　　张　6. 25
字　　数　157 千字
版　　次　2017 年 5 月第 1 版　2017 年 5 月第 1 次印刷
定　　价　28. 90 元

《水稻规模生产与经营》
编 委 会

前　言

我国是世界上种植水稻历史最长的国家，又是栽培水稻的主要发源地之一。目前全国有大约60%人口的口粮以大米为主，稻谷产量多年一直在我国三种主要粮食（稻谷、小麦、玉米）中名列第一。同时，我国有2/3的人口以稻米作主食。水稻还是我国出口的主要农产品之一。因此，水稻生产在我国国民经济中占有重要的地位。

本书全面、系统地介绍了水稻生产的知识，包括生产计划与耕播技术、苗期生产管理、分蘖拔节期生产管理、抽穗扬花期生产管理、灌浆结实期生产管理、收获贮藏与秸秆还田、农机运用与维护、成本核算与产品销售等内容。

本书围绕大力培育新型职业农民，以满足职业农民朋友生产中的需求。重点介绍了水稻生产方面的成熟技术以及新型职业农民必备的基础知识。书中语言通俗易懂，技术深入浅出，实用性强，适合广大新型职业农民、基层农技人员学习参考。

编　者

2017年3月

目　　录

第一章　生产计划与耕播技术

第一节　产业发展与产业政策

我国是世界上最大的稻米生产国和消费国，水稻种植面积居世界第二，仅次于印度，总产居世界第一。我国65%以上人口以稻米为主食，常年稻谷消费总量保持在1.9亿吨以上，其中，85%以上用作口粮。

一、我国水稻区域分布、品种结构和季节结构

（一）区域分布

我国稻作分布区域辽阔，全国除青海省外，南自热带的海南省三亚市，北至黑龙江省的漠河市；东至中国台湾，西至新疆维吾尔自治区（以下简称新疆）；低自东南沿海的潮田，高至海拔2 700多米的西南高原，都有水稻种植。以我国行政区划为基础，结合全国水稻生产的自然生态、水系流域、季节分布等情况，一般可以将全国水稻生产分为东北、华北、西北、长江中下游、西南及华南六大稻作区。

（二）品种结构

（1）籼稻和粳稻。籼、粳分化是栽培稻最重要的演化。我国籼稻主要分布在华南和长江流域稻区，粳稻主要分布在北方稻区、长江下游的太湖地区以及西南的高海拔山区。近年来南方居民“籼改粳”和北方居民“面改米”消费趋势的演变，

促进了粳稻生产发展。

（2）常规稻和杂交稻。杂交水稻是利用杂种优势理论育成的水稻品种（组合），需要每年制种；常规稻是指后代性状一致、稳定的品种，一般不需要每年更换种子。

（三）茬口安排

由于水稻对温度和光照反应的多样性，不论籼稻和粳稻都可以分为早、中、晚稻 3 种季节生态型。我国早稻主要分布在华南和长江中下游地区，一般 3 月中下旬播种，7 月成熟收获，生长期 100~120 天，中稻分布在除广东省、海南省和青海省以外的全国各地，种植面积最大、总产最高，生长期 130~170 天。晚稻和早稻一般是连作生产，即每年种完早稻后种晚稻，在长江流域地区统称为“双季稻”生产，生长期 110~125 天；在华南稻区被称为早造和晚造生产，生长期 120~135 天。2013 年全国晚稻面积 9 231 万亩*，占全国水稻面积的 20%。

二、南方水稻产业发展

（一）市场

国家不断提高稻谷最低收购价格水平，推动市场形成了稳定的价格上涨预期，有效提高了农民生产积极性。与此同时，在种植成本刚性增长、整体物价上涨等多种因素综合作用下，国内稻米市场整体价格水平快速提高。其中，早籼稻、晚籼稻、粳稻收购价格分别从 2004 年的每 50 千克 69. 2 元、74. 6 元和 83. 1 元涨至 2015 年的 129. 8 元、133. 8 元和 146. 3 元，涨幅分别为 87. 4%、79. 5%和 76. 1%。

---

* 1 亩≈667 平方米，1 公顷=15 亩。全书同

（二）贸易

从国内贸易看，我国水稻主产区较为集中，消费区域相对分散。特别是随着北方“面改米”、南方“籼改粳”消费习惯的改变，使得国内稻米产销流通格局更加复杂，总体呈现“北粳南运、中籼东输、中籼南下、南籼北运”的交错格局；从国际贸易看，我国大米一直以出口为主，进口量很少，主要用作高档品种调剂。但近两年随着国内外大米价差的持续拉大，国内大米进口量快速增加。

三、北方粳稻产业发展

（一）生产及区域布局

依据自然禀赋和地理区位，北方粳稻生产一般可以分为东北粳稻产区、华北粳稻产区和西北粳稻产区。除华北产区的河南省粳稻比例占 20%、西北产区的陕西省粳稻比例占 5%以外，北方其余地区均为粳稻生产。

（1）东北产区。包括辽宁、吉林和黑龙江三省。

（2）华北产区。包括北京、天津、河北、内蒙古自治区（以下简称内蒙古）、山西、山东和河南 7 个省（自治区、直辖市）。受水资源短缺制约，华北产区的水稻生产历来不太稳定。

（3）西北产区。包括陕西、甘肃、宁夏回族自治区（以下简称宁夏）和新疆 4 省（自治区）。西北水稻占全国的比重很小，但米质优良。

（二）市场和贸易情况

从国内贸易看，随着南方地区“籼改粳”消费习惯的改变，国内粳稻贸易主要是“北粳南运”。从国际贸易看，我国进口大米 227. 1 万吨，其中，90%以上是来自越南、巴基斯坦的低价籼米，对南方市场冲击较大；出口大米 47. 8 万吨，以粳米为主（占 99%以上），主要是出口日本、韩国等亚洲国家，具有较强的市场竞争力。

（三）品种结构

品种的突破促进了粳稻生产的发展。根据不同的生态区域和种植模式，选育了一批综合性状突出的常规品种，并大面积推广。如黑龙江省农业科学院选育的龙粳 14、龙粳 25、龙粳 31、绥粳 10 号，吉林省农业科学院选育的吉粳 88、吉粳 803，吉林省通化市农业科学院选育的通禾 836，沈阳农业大学选育的沈农 265、沈农 9816、沈农 9903，辽宁省农业科学院选育的辽星 1 号、辽星 20 等系列品种，辽宁盐碱地利用研究所选育的盐丰 47 等，宁夏农林科学院农作物研究所选育的宁粳 43 等，都得到了大面积推广应用，且多数被认定为农业部主导品种。

（四）大户补贴

2016 年，中央财政继续从农资综合补贴中安排 6 亿元资金，下拨给黑龙江、辽宁、山东、安徽、江西 5 个粮食主产省，用于 5 省开展种粮大户补贴试点工作。此外，各地也陆续出台了一系列鼓励种粮大户发展的订单奖励、直接补贴等政策措施。

四、南方水稻产业政策

（一）土地政策

2016 年中央 1 号文件明确提出要稳定农村土地承包关系并保持长久不变，在坚持和完善最严格的耕地保护制度前提下，赋予农民对承包地占有、使用、收益、流转及承包经营权抵押、担保权能。在落实农村土地集体所有权的基础上，稳定农户承包权、放活土地经营权，允许承包土地的经营权向金融机构抵押融资。

（二）补贴政策

补贴政策主要是指以粮食直补、良种补贴、农资综合补贴和农机具购置补贴为主的“四补贴”政策。中央财政安排“四补贴”资金支出 1 700.55 亿元。其中，水稻良种补贴每亩 15 元，覆盖所有地区。此外，近年来中央财政还针对集中育秧等生产技术开展专项补贴，专项资金对江西、湖南、广东、广西壮族自治区 4 个早稻主产省（自治区）早稻集中育秧进行补助。

（三）价格政策

当前我国水稻生产上的价格政策主要是指最低收购价格收购政策。2015 年，早籼稻、中晚籼稻、粳稻最低收购价格分别提高至每千克 2.70 元、2.76 元和 3.10 元，比 2004 年分别提高 1.30 元、1.32 元和 1.60 元。

五、北方粳稻产业政策

国务院出台《关于加快转变东北地区农业发展方式建设现代农业的指导意见》，要求重点支持东北三大平原地区优质粳稻发展，进一步提升粮食综合生产能力。目前东北粳稻产业政策主要包括保护价收购、生产补贴和粳米入关运输补贴等。

（一）保护价收购

当粳稻市场价格低于国家制定的最低收购价格时，由特定收购企业按最低收购价格敞开收购。

（二）生产补贴

生产补贴主要指以粮食直补、良种补贴、农资综合补贴和农机具购置补贴为主的“四补贴”政策。

（三）粳米入关运费补贴

为了解决东北地区“卖粮难”问题，国家连续 3 次出台粳稻入关运费补贴政策。出台《采购东北地区2013年新产粳稻和玉米费用补贴管理办法》。

第二节　种植制度与栽培方式

一、种植模式

东北地区由于冬季温度低、夏季生长季节短，水稻种植以育苗移栽为主，辅以少量直播种植，实行常年连作的一年一熟制，冬季土地休闲，很少轮作倒茬。近年来，受稻米价格和比较效益影响，部分地区开展“水改旱”和“旱改水”的轮作，如稻/稻/绿肥、稻/稻/豆类、稻/稻/春小麦等，以改善土壤结构，提高肥力，增加效益。

稻田多熟种植是提高单位土地面积年产量的重要途径。除北方的寒冷地带和南方部分高山区的稻田实行一年一熟外，我国稻田一般都实行复种，其中，基于双季稻种植的复种模式如下。

（1）“早稻+双季晚稻”种植模式。这是长江中下游双季稻区和华南双季稻区最为常见的种植模式，主要是3—7月种植早稻，6—10月连作种植晚稻，冬季田块选择休耕，不种植任何作物。

（2）“早稻+双季晚稻+油菜”种植模式。这种种植模式主要集中在湖南、湖北、江西的部分地区。主要是在种植早稻和双季晚稻后，充分利用冬闲田发展冬种油菜。

（3）“早稻+双季晚稻+小麦”种植模式。这种种植模式冬季种植小麦、大麦等，夏秋季种植早稻和晚稻。

（4）“早稻+双季晚稻+绿肥”种植模式。这种种植模式冬季种植紫云英、黑麦草等，夏秋季种植双季稻。

（5）“早稻+双季晚稻+蔬菜”种植模式。这种种植模式冬季种植芥菜、白菜、榨菜、芹菜、菠菜、莴苣、花椰菜、芥蓝、蚕豆、豌豆及马铃薯等作物，夏、秋季种植早稻和双季晚稻。

二、栽培方式

水稻栽培方式主要有两种：移栽和直播。其中，以移栽为主，包括手插秧、抛秧、机插秧3种。

（一）直播栽培

直播栽培是指直接将种子播种于大田的一种栽培方式。与移栽相比，直播省去了育秧和秧苗移栽两个环节，更加省工省力。但面临全苗难、草害重、易倒伏等技术难题。

（二）手插秧栽培

手插秧是最传统、最普遍的栽秧方法，适宜各种育秧方式的秧苗栽插。但人工拔秧时植伤大，应注意提高拔秧和栽插质量。目前，东北地区手插秧比例极小。

（三）抛秧栽培

抛秧是利用秧苗带土重力，通过抛甩使秧苗定植于大田的栽插方法。采用塑料软盘秧苗，定距播种秧苗的栽插，具有工效高、产量高、成本低、劳动强度小等优点。近年来还推广了乳苗抛栽等移栽方法，比手插秧效率提高3~5倍。

（四）机插秧栽培

机插秧主要分为两种，一种是手扶式半机械化插秧机插秧，二是自走式高速插秧机插秧。目前，机插秧是北方粳稻生产最主要的栽插方式，具有工效高、成本低、劳动强度小等优点。

三、耕整地方法及要点

（一）耕整地分类

整地从时间上分，有秋整地和春整地；从方法上分，有旱整地和水整地。

（1）秋整地和春整地。秋整地主要是秋季旱翻、旱耙，在干旱年份、缺水地区或井灌地区采用较多，有利于土壤熟化，并能节省泡田用水；在丰水和盐碱地及地下水位较高的地区和田块，多采用秋旱翻、春旱耙，有利于晒垡熟化土壤，灭虫灭草。春整地多采用旱翻、旱耙、旱平地，包括旋耕整地。

（2）旱整地和水整地。旱整地包括旋耕、翻地、旱耢平和激光平地等作业。水整地一般是春季放水泡田 3～5 天后，用拖拉机配搭不同整地机械整地。激光平地技术是高新技术在农业上的应用，具有平地、省地、节水、增产等作用，一般可在直径 600 米范围内平整土地，平后的土地高低差在 1 厘米范围内，达到寸水不露泥，可使水稻在各生长期获得最佳水层。该技术可减少池埂用地 2%～3%，省水 30%，增产 10%。

（二）耕整地方法

（1）翻耕。要求不漏耕，不重耕，少出开闭垄，不出明垡立垡，少撂地头，翻后地面平坦。翻耕深度一般为 15 厘米左右，最深不宜超过 18 厘米。秋翻可适当深些，以利于熟化土壤；春翻可适当浅些，深则土凉，对发苗不利；瘦田要浅耕多耙，防止犁底层生土上翻；肥田应深耕粗耙；盐碱地不宜翻得过深，应结合施用有机肥逐年加深耕翻深度。

（2）旋耕。在水稻收获后至上冻前，用大中型水田拖拉机配套旋耕机、搅浆整地机、水田犁等进行。因适耕期长，可秋旋、春旋、旱旋、水旋。目前，旋耕机耕深一般在 12 厘米左右，长期浅耕会使耕层下部趋于免耕，对产量有影响。一般连续旋耕4年，就有减产趋势。因此，旋耕要与深松或犁耕相结合，每2~3年深松或犁耕1年。旋耕易诱发杂草，实行旋耕作业时要配合化学除草。旋耕后的稻田易脱肥，因此旋耕作业要和全层施肥相结合，肥料利用率可提高28.4%，增产5%左右。

第三节　肥料运筹与科学施肥

一、肥料种类及缺乏症状判断

（一）常用肥料种类及有效成分含量

（1）常用肥料种类。水稻肥料主要分为有机肥和化肥两类。有机肥主要有绿肥、厩肥、秸秆、饼肥、沼气肥、人粪尿、湖塘泥等；化肥又分氮肥、磷肥、钾肥、复合肥和微量元素化肥等。复合肥根据有效成分可分为氮钾复合肥、氮磷复合肥和氮磷钾复合肥。

（2）有效成分含量。氯化铵含24%~26%的纯氮，碳酸氢铵含17%的纯氮，硝酸铵含33%~35%的纯氮，尿素含45%~46%的纯氮，氯化钾含60%的氧化钾，硫化钾含50%的氧化钾，过磷酸钙含12%~18%的五氧化二磷，钙镁磷肥含12%~18%的五氧化二磷，磷酸二钙含21%~27%的五氧化二磷。

（二）营养元素缺乏的主要症状

（1）缺氮。缺氮时通常表现为叶色失绿，变黄，一般是从下部叶片开始。严重缺氮时细胞分化停止，多表现为叶片短小、植株瘦弱、分蘖能力下降、根系机能减弱。氮多时叶片拉长下披、叶色浓绿、茎徒长、无效分蘖增加，易生长过度繁茂致使透光不良、结实率下降、成熟延迟，加重后期倒伏和病虫害发生（图1-1）。

（2）缺磷。缺磷时一般表现为僵苗，稻株生长显著缓慢，稻丛呈簇状，不分蘖或很少分蘖；稻苗细瘦、叶片直立不披、叶色暗绿或灰绿带紫，严重时叶片沿中脉呈环状卷曲、叶片萎缩。缺磷还会引起延迟抽穗、开花和成熟，且抽穗困难，成熟不一致，穗粒少且不饱满。

图 1-1　水稻氮素失调

左：缺乏　中：适中　右：过剩

（3）缺钾。缺钾时水稻病株伸长受抑而矮缩，茎秆细弱、分蘖稍有减少；根系细弱，多呈黄褐色或暗褐色，新根少，老化早衰；叶色初期略呈深绿色且无光泽，叶片较狭而软弱，随后基部老叶叶片叶尖及前端叶缘褐变或焦枯，并产生褐色斑点或条斑，一般由下叶渐向上叶蔓延，严重者全株只留少数新叶保持绿色，远看似火烧状，但很少全株枯死。

二、肥料吸收特点及规律

根据国际水稻所的研究，每生产 1 000 千克稻谷需要吸收养分量分别为：氮（N）14～16 千克、磷（P_2O_5）5.5～6.0 千克、钾（K_2O）17～19 千克。对于中国南方双季稻，每生产 1 000 千克稻谷需要吸收养分量分别为：氮（N）16～18 千克、磷（P_2O_5）6～8 千克、钾（K_2O）18～20 千克。

水稻各生育期对营养元素的吸收量随生育进程而不同。一般苗期吸收量少，随着生育的进程，营养体逐渐大量生长，吸肥量也相应提高，到抽穗前达到最高，以后随着根系活力的减退又逐渐减少。其中，对氮的吸收以分蘖期最高，占整个生育期的50%，其次为幼穗发育期。但品种间有差异，一般常规稻在抽穗前高于杂交稻，但在结实成熟期杂交稻却仍吸收大量氮素，这说明杂交水稻在生育后期根系活力仍很强；对磷的吸收以幼穗发育期最高，占50%，分蘖期次之，结实成熟期仍吸收相当数量的磷；对钾的吸收一般是抽穗前吸收最多，抽穗后很少，分蘖期常规稻多于杂交稻，幼穗发育期杂交稻又多于常规稻。

水稻的吸肥量有随施肥量增加而增多的趋势。在稻体内各部位的分配量也随施入量的不同而不同。若吸入量多，但分配不合理，产量也不一定高。水稻除了主要元素外，还需要吸收微量元素锰、硼、锌、钼、铜等。生产上应适量施用锌肥，以满足水稻正常生长的需要。

三、施肥时期及用量

（一）施肥时期的确定

根据水稻各生育期的吸肥特点，结合产量构成因素的形成时期，在进行合理施肥时，必须注意选择适宜的施肥时期（图1-2、图1-3）。

（1）增加穗数的施肥时期。以基肥和有效分蘖期内追施促蘖肥效果最好。其中，基肥在插秧前1~2天施用，促蘖肥在插秧后5~7天施用。

（2）增加每穗粒数的施肥时期。在第一苞分化至第一次枝梗原基分化时追肥有促进颖花数增多的效果，这种施肥称“促花肥”；在雌雄蕊形成至花粉母细胞减数分裂期施肥，可防止颖花退化，称“保花肥”。其中，促花肥在抽穗前30天

图 1–2　分蘖期施肥

图 1–3　穗期施肥

施用，保花肥在抽穗前 10～15 天施用。生产上，促花肥和保花肥又统称为穗肥，在抽穗前 20～25 天一次施用。前期施肥少，穗肥可提前，反之，则移后。

（3）提高粒重和结实率的施肥时期。水稻在粒期（抽穗后）还要吸收一定数量的氮肥，这时施“粒肥”有延长叶片功能期、提高光合强度、增加粒重、减少空秕粒的作用。一般除地力较高或抽穗期肥效充足的田块外，齐穗期追施氮肥或叶面喷氮或磷酸二氢钾对提高结实率、增加粒重均有效果。

（二）施肥量的确定

施肥量应根据水稻目标产量、土壤养分供应量、肥料养分含量及其利用率等因素进行全面考虑，理论上施肥量可以根据产量指标按下式计算。

$$理论施肥量=\frac{计划产量吸收养分量-土壤养分供给量}{肥料中该元素含量(\%)\times肥料利用率(\%)}$$

计划产量养分吸收量和土壤养分供给量可根据双季稻每生产 1 000 千克稻谷的养分需要量［氮（N）16~18 千克、磷（P_2O_5）6~8 千克、钾（K_2O）18~20 千克］确定，即：

计划产量养分吸收量=计划产量×养分需要量

土壤养分供给量=无肥区产量×养分需要量

无肥区产量（即不施用氮肥、磷肥或钾肥条件下的产量）代表土壤基础地力产量，能够反映土壤养分供应量。土壤养分供应量主要决定于土壤养分的贮存量和有效程度。施肥可促使水稻对原有氮素的利用。我国水稻土普遍缺磷，部分缺钾，加之大量氮肥的施用，加速了土壤磷、钾的消耗。因此，氮、磷、钾配合施用，才能满足高产水稻对养分的需要。肥料利用率受肥料种类、施肥方法、土壤环境等影响，一般化肥利用率大致是：氮肥 40%~45%、磷肥 20%，钾肥 40%~45%。

在实际计算施肥量时还应考虑地区、土壤、前作、季节等酌情增减。

四、肥料运筹与施用

高产水稻栽培在肥料运筹上应根据土壤肥力状况、种植制度、生产水平和品种特性进行配方施肥，注重有机、无机配合和氮、磷、钾及其他元素的配合施用，有条件的地方要提倡施用水稻专用复合肥。南方稻区因各地条件差异较大，在施肥方式上也存在较大差异，主要表现在基肥、追肥的比重及其追肥时期、数量配置上。施肥方法上，磷肥全作基肥；钾肥 50%

作基肥、50% 作穗肥；氮肥一般以基肥（50%）、分蘖肥（20%）、穗肥（30%）分次施用。具体施肥时，还应考虑当地的土壤类型和栽培习惯进行施肥，方法如下。

（一）底肥“一道清”施肥法

这种施肥方法将全部肥料于整田时一次施下，使土肥充分混合的全层施肥法，适用于黏土、重壤土等保肥力强的稻田。

（二）“前促”施肥法

在施足底肥的基础上，早施、重施分蘖肥，使稻田在水稻生长前期有丰富的速效养分，以促进分蘖早生快发，确保增蘖增穗。这种施肥方法尤其是在基本苗较少的情况下更为重要。一般基肥占总施肥量的 70%~80%，其余肥料在返青后全部施用。此施肥法多用于栽培生育期短的品种，施肥水平不高或前期温度较低、肥效发挥慢的稻田。

（三）“前促、中控、后补”施肥法

这种施肥法注重肥料的早期施用。其最大特点是强调中期限氮和后期补氮。在施足底肥基础上，前期早攻分蘖肥，促进分蘖确保多穗；中期晒田控氮，抑制无效分蘖，争取壮秆大穗；后期酌情施穗肥，以达到多穗多粒增加粒重的目的。这种施肥法在生产上应用广泛，尤其在南方一季中稻区，适用于施肥水平较高、生育期较长、分蘖穗比重大的杂交稻。

（四）“前稳、中促、后保”施肥法

在栽足基本苗的前提下，减少前期施肥量，使水稻稳健生长，主要依靠栽培的基本苗成穗，本田期不要求过多分蘖。中期重施穗肥，促进穗大粒多，后期适当补施粒肥，增加结实率和粒重。此种施肥方法适用于生长期较长的品种和肥料不足、土壤保肥能力较差田块。

以上几种方法各有其适应条件，不能一概而论。但根据水稻的生育特点与对肥料的吸收规律，比较前期集中施肥与分段施肥，分段施肥更有利于各产量构成因素的发展，能够获得理想产量。

第四节　品种选择与播前处理

一、品种选择

（1）鄂早18。湖北省黄冈市农业科学研究所与湖北省种子集团公司选育（中早81/嘉早935），2003年和2005年分别通过湖北省和国家农作物品种审定委员会审定，国审编号：国审稻2005003。

属早熟籼型常规水稻，在长江中下游作早稻种植全生育期平均113.6天。株高91.6厘米，株型紧凑，耐肥力较强，叶色浓绿，剑叶挺直，每亩有效穗数23.2万穗，穗长20.4厘米，每穗总粒数108.6粒，结实率79.5%，千粒重24.9克。抗白叶枯病，感稻瘟病，米质一般。米质主要指标：整精米率45.6%，长宽比为3.4，垩白粒率23%，垩白度6.5%，胶稠度75毫米，直链淀粉含量15.4%。该品种熟期适中，产量较高，稳产性一般，一般亩产422~474千克，适宜在江西、湖南、湖北、安徽、浙江的稻瘟病轻发的双季稻区作早稻种植，2010年推广面积为111万亩。

（2）湘早籼45。湖南省益阳市农业科学研究所选育（舟优903/浙辐504），2007年通过湖南省农作物品种审定委员会审定，审定编号：湘审稻2007002。

属中熟早籼常规水稻，在湖南省作双季早稻栽培，全生育期106天左右。株高80~85厘米，叶片厚实挺直，株型松紧适中，茎秆较粗且弹性好，落色好，不落粒。每亩有效穗22万~25万个，每穗总粒数105粒左右，结实率79.1%~92.1%，千粒重23.8~26.2克。感白叶枯病，高感稻瘟病。米质优。米质主要指标：糙米率 81.5%，精米率 74.3%，整精米率 68.5%，粒长 6.7 毫米，长宽比为 3.4，垩白粒率 20%，垩白度 3.7%，透明度 2 级，碱消值 7.0 级，胶稠度 60 毫米，直链淀粉含量 14.5%，蛋白质含量 10.9%。一般亩产不低于 500 千克，适宜湖南、湖北、江西、广西、福建等地区种植，2009 年、2010 年推广面积分别为 113 万亩、225 万亩。

（3）盐丰 47。辽宁省盐碱地利用研究所选育（AB005S//丰锦/辽粳 5 号），2006 年通过国家农作物品种委员会审定，国审编号：国审稻 2006068。

属中晚熟粳型常规水稻，全生育期 157.2 天。株高 98.1 厘米，穗长 16.5 厘米，每穗总粒数 129 粒，结实率 85.1%，千粒重 26.2 克。抗性：苗瘟 5 级，叶瘟 4 级，穗颈瘟 5 级。主要米质指标：整精米率 66.2%，垩白粒率 15.5%，垩白度 2.8%，胶稠度 81 毫米，直链淀粉含量 15.3%，达到国家《优质稻谷》标准 2 级。一般亩产量在 638 千克以上，适宜在辽宁南部、新疆南部、北京、天津稻区种植。2009 年、2010 年推广面积分别为 210 万亩、233 万亩。

（4）垦稻 12。黑龙江省农垦科学院选育（垦稻 10 号/垦稻 8 号），2006 年通过黑龙江省农作物品种委员会审定，审定编号：黑审稻 2006009。

属中早熟粳型常规水稻，全生育期 130~132 天，主茎 12 叶。株高 90 厘米，穗长 18 厘米左右，每穗粒数 85 粒左右，千粒重 27 克左右。分蘖力较强，抗倒性中等。中抗稻瘟病，对障碍型冷害耐性较强。出米率高，透明度好，外观米质优良，食味好，米质达到国家二级优质稻米标准。一般亩产量在 530 千克以上，适宜在黑龙江省第二积温带种植。2004—2008 年全省累计推广种植 1 105.25 万亩，2009 年推广面积达 395 万亩。

（5）豫粳 6 号。河南省新乡市农业科学研究所选育（新稻85~12/郑粳81754），1998年通过国家农作物品种委员会审定，审定编号：国审稻980002。

属中晚熟粳型常规水稻，全生育期150天。株高100厘米左右，亩穗数23万左右，穗呈纺锤形，穗长15~17厘米，每穗平均粒数110~130粒，结实率90%，颖尖紫色。谷粒椭圆形，千粒重25~26克，糙米率83.8%，直链淀粉含量16.8%，品质主要指标达到部颁优质米标准，1995年获中国农业科技博览会新品种和优质米两项金奖。生育期150天，中抗稻瘟病，中感白叶枯病，耐稻飞虱。株型紧凑，茎基部节间短，分蘖力强，丰产性好，一般亩产650千克。适宜黄淮粳稻区种植，现为国家北方及河南省粳稻区域试验、生产试验对照品种。在沿黄稻区表现突出，增产幅度之大，推广速度之快，普及范围之广，前所未有，2010年推广面积为53万亩。

（6）徐稻3号。徐稻3号（原名91069），江苏徐州农业科学研究所选育（镇稻88/台湾稻C），2003年通过江苏省农作物品种委员会审定，审定编号：苏审稻200306。

属中熟中粳型常规水稻，全生育期145天左右。株高96厘米，株型集散适中，长势旺盛，茎秆粗壮，抗倒性强，叶色较深，剑叶挺举，穗半直立，分蘖性好，成穗率高，每亩有效穗22万个左右，每穗总粒数130粒左右，结实率90%以上，千粒重27克，产量水平高，稳产性好，米质优，熟相好，易脱粒。接种鉴定抗白叶枯病，高抗稻瘟病，纹枯病轻，田间种植高抗条纹叶枯病，无稻曲病。糙米率83.2%，精米率72.4%，整精米率68.7%，垩白率18%，垩白度1.9%，胶稠度80毫米，直链淀粉含量18.4%，米质理化指标达国家二级优质稻米标准。一般亩产600~650千克，高产可达700~750千克。适于江淮及淮北稻麦两熟地区种植，2009年推广面积达271万亩。

（7）浙粳22。浙江省农业科学院作物与核技术利用研究所、杭州市种子公司选育（浙粳 272//DP51653/Rathu Heenati）。2006 年通过浙江省农作物品种审定委员会审定，审定编号：浙审稻 2006013。

属晚熟粳型常规水稻，全生育期 136.4 天。株高 97.2 厘米，穗长 17.9 厘米，每亩有效穗 19.5 万个，成穗率 76.1%，每穗总粒数 112.1 粒，实粒数 101.5 粒，结实率 90.5%，千粒重 27.0 克。茎秆粗壮，较耐肥抗倒，分蘖力中等，穗大粒多，丰产性好，后期青秆黄熟。中抗稻瘟病和白叶枯病，高感褐稻虱。整精米率 65.2%，长宽比为 2.0，垩白粒率 11.8%，垩白度 2.1%，透明度 1.5 级，胶稠度 66.5 毫米，直链淀粉含量 15.7%。一般亩产 421~488 千克，适宜在浙江全省晚粳稻地区作晚稻种植，2010 年推广面积为 111 万亩。

（8）水晶 3 号。河南省农业科学院选育（郑稻 5 号/黄金晴），2002 年通过河南省农作物品种委员会审定，审定编号：豫审稻 2002001。

属中晚熟粳型常规水稻，全生育期 158 天。株高 102.7 厘米，茎秆较细、坚韧有弹性，穗长 19.0 厘米，散穗型，平均每穗实粒数 85.1 粒，结实率 88.6%，千粒重 25.5 克。有效穗数每亩 28 万~30 万个。抗稻瘟病、白叶枯病，中感纹枯病生长旺盛，分蘖力强，剑叶中长。粗蛋白质含量 8.16%，直链淀粉 17.2%，糙米率 83.7%，整精米率 77.6%，胶稠度 81 毫米，垩白粒率 8%，垩白度 0.7%，米质达国家优质食用粳米 1 级标准，2003 年获全国优质大米十大金奖，蒸煮食味好。一般亩产 500 千克，适宜在河南省南、北稻区种植。

（9）郑旱 9 号。河南省农业科学院选育（IRAT109/越富），2008 年通过国家农作物品种委员会审定，审定编号：国审稻 2008042。

属粳型常规旱稻，在黄淮海地区作麦茬旱稻种植全生育期 119 天，比对照旱稻 277 晚熟 3 天。株高 108.1 厘米，穗长

18.1 厘米，每穗总粒数 91.3 粒，结实率 77.7%，千粒重 32.9 克。抗性：叶瘟 5 级，穗颈瘟 3 级；抗旱性 3 级。米质主要指标：整精米率 46.6%，垩白粒率 62%，垩白度 5.1%，直链淀粉含量 13.8%，胶稠度 85 毫米。一般平均亩产为 307~344 千克。该品种产量高，抗旱性强，中抗稻瘟病，米质一般。适宜在河南省、江苏省、安徽省、山东省的黄淮流域稻区作夏播旱稻种植。

(10) Y 两优 1 号。湖南杂交水稻研究中心选育，2006 年通过湖南省农作物品种审定委员会审定，审定编号：国审稻 2006036。2008 年通过国家审定，审定编号：国审 2008001。

属籼型两系杂交水稻。在华南作双季早稻种植，全生育期平均 133.2 天，比对照Ⅱ优 128 长 0.1 天。株型紧凑，叶色浓绿，剑叶挺直窄短，二次灌浆明显，每亩有效穗数 18.5 万穗，株高 114.7 厘米，穗长 23.6 厘米，每穗总粒数 133.3 粒，结实率 82.2%，千粒重 26.0 克。抗性：稻瘟病综合指数 5.1 级，穗瘟损失率最高 9 级，抗性频率 56.7%；白叶枯病 5 级；褐飞虱 7 级，白背飞虱 5 级。米质主要指标：整精米率 64.0%，长宽比为 3.0，垩白粒率 27%，垩白度 3.9%，胶稠度 73 毫米，直链淀粉含量 13.0%。在长江中下游作一季中稻种植，全生育期平均 133.5 天，比对照Ⅱ优 838 长 0.3 天。株型紧凑，叶片直挺稍内卷，熟期转色好，每亩有效穗数 16.7 万个，株高 120.7 厘米，穗长 26.3 厘米，每穗总粒数 163.9 粒，结实率 81.0%，千粒重 26.6 克。抗性：稻瘟病综合指数 5.0 级，穗瘟损失率最高 9 级，抗性频率 90%；白叶枯病平均 6 级，最高 7 级。米质主要指标：整精米率 66.9%，长宽比为 3.2，垩白粒率 33%，垩白度 4.7%，胶稠度 54 毫米，直链淀粉含量 16.0%。适宜在海南、广西南部、广东中南及西南部、福建南部的稻瘟病轻发的双季稻区作早稻种植，以及在江西、湖南、湖北、安徽、浙江、江苏的长江流域稻区（武陵山区除外）

和福建北部、河南南部稻区的稻瘟病、白叶枯病轻发区作一季中稻种植。

（11）株两优 02。湖南亚华种业科学研究院选育，2002 年 3 月通过湖南省农作物品种审定委员会审定，审定编号：XS046-2002。

属籼型两系杂交水稻，在桂中、桂北作早稻种植全生育期 103~113 天，与对照金优 463 相仿。株型适中，主茎叶片数 12~13，剑叶长 22 厘米左右，宽约 1.5 厘米，夹角小，叶姿较挺，熟期转色好，谷壳薄，颖尖无芒。主要农艺性状表现（平均值）：株高 97.1 厘米，每亩有效穗数 18.7 万个，穗长 20.4 厘米，着粒密，每穗总粒数 122.3 粒，结实率 83.1%，千粒重 25.8 克，谷粒长 9.5 毫米，长宽比为 3.2。2002 年参加桂中北稻作区早稻早熟组区域试验，平均亩产 451.4 千克，比对照金优 974 增产 8.9%（极显著）；2003 年续试，平均亩产 485.6 千克，比对照金优 463 增产 2.8%（不显著）。2003 年生产试验平均亩产 431.7 千克，比对照金优 463 减产 0.8%。抗性：苗叶瘟 7 级，穗瘟 9 级，白叶枯病 6 级，褐稻虱 8.9 级。米质主要指标：整精米率 40.0%，长宽比为 3.2，垩白粒率 77%，垩白度 23.9%，胶稠度 81 毫米，直链淀粉含量 22.2%。适宜在长江流域的湖南、江西、浙江及福建北部等地区种植。

（12）丰两优 1 号。合肥丰乐种业股份有限公司选育，2004 年通过河南省农作物品种审定委员会审定，审定编号：豫审稻 2004001。

属中熟两系杂交籼稻品种，全生育期 135 天，与籼优 63 相仿。生长势强，叶色浓绿，分蘖力较强，剑叶挺直，株型紧凑，茎秆粗壮，株高 126 厘米，后期青秆黄熟。每穗总粒数 180~200 粒，结实率 85%，千粒重 29 克，籽粒细长，垩白少，品种较耐寒、耐肥。2001 年参加豫南稻区中籼区域试验，8 处汇总平均亩产 666.7 千克，比对照一豫籼 3 号增产 12.5%，极显著，比对照二籼优 63 增产 5.1%，居 12 个品种第 1 位；2002 年续试，平均亩产 580.4 千克，比对照一豫籼 3 号增产 18.5%，比对照二Ⅱ优 838 减产 1.2%，居 11 个品种第 3 位。抗性：2001 年经安徽省农业科学院植物保护与农产品质量安全研究所鉴定，中抗白叶枯病（3 级），中感稻瘟病（4 级），田间表现耐纹枯病，轻感稻曲病。1999 年经国家稻米品质检测中心（杭州）品质分析：糙米率 81.5%，精米率 74.2%，整精米率 64.4%，粒长 6.9 毫米，长宽比为 2.9，垩白率 2%，垩白度 0.1%，透明度 1，碱消值 7.0，胶稠度 98 毫米，直链淀粉 15.0%，蛋白质 11.2%，除直链淀粉达二级以外其他指标达优质一级米标准。适宜在豫南籼稻区推广种植。

（13）Ⅱ优 838。四川省原子核应用技术研究所选育，1995 年通过四川省农作物品种审定委员会审定，1998 年通过国家农作物品种审定委员会审定，审定编号：国审稻 990016。

属中籼迟熟三系杂交组合。该组合全生育期 145~150 天，比籼优 63 长 1~3 天。株高 115 厘米，茎秆粗壮，主茎叶片 17~18 叶，剑叶直立，叶鞘、叶间紫色。分蘖力中上，略次于籼优 63。穗长 25 厘米，主穗 150~180 粒，结实率 85%~95%，千粒重 29 克。1994 年参加全国南方稻区区域试验，平均亩产 604.33 千克，比对照籼优 63 增产 3.76%；1995 年续试平均亩产 562.67 千克，比对照籼优 63 增产 1.5%。糙米率 79.8%，精米率 73.4%，整精米率 42.6%，胶稠度 55 毫米，直链淀粉含量 22.8%，米质较好。抗倒伏，抗稻瘟病，抽穗扬花期对气温环境的适应性较好。适宜在四川、重庆、河南等同生态类型地区的稻瘟病轻发区作中稻种植。

（14）淦鑫 203。广东省农业科学院水稻研究所、江西现代种业有限责任公司和江西农业大学农学院选育，2006 年通过江西省农作物品种审定委员会审定，2009 年通过国家审定，审定编号：国审稻 2009009。

属籼型三系杂交水稻。在长江中下游作双季早稻种植，全生育期平均114.4天，比对照金优402长1.7天。株型适中，叶色淡绿，叶片挺直，剑叶短宽挺，熟期转色好，叶鞘、稃尖紫色，穗顶部间有短芒，每亩有效穗数21.8万个，株高95.5厘米，穗长18.4厘米，每穗总粒数103.5粒，结实率86.3%，千粒重28.3克。2007年参加长江中下游迟熟早籼组品种区域试验，平均亩产513.46千克，比对照金优402增产4.37%（极显著）；2008年续试，平均亩产528.49千克，比对照金优402增产4.94%（极显著）；两年区域试验平均亩产520.97千克，比对照金优402增产4.66%；2008年生产试验，平均亩产537.34千克，比对照金优402增产4.37%。抗性：穗瘟病综合指数4.7级，穗瘟损失率最高7级；白叶枯病5级；褐飞虱9级；白背飞虱9级。米质主要指标：整精米率48.6%，长宽比为2.9，垩白粒率49%，垩白度12.1%，胶稠度51毫米，直链淀粉含量20.9%。适宜在江西平原地区、湖南以及福建北部、浙江中南部的稻瘟病轻发的双季稻区作早稻种植。

（15）金优207。湖南杂交水稻研究中心选育，1998年通过湖南省农作物品种审定委员会审定，审定编号：湘品审225号。2000年通过广西区农作物品种审定委员会审定，审定编号：桂审稻2001103号。2000年通过贵州省农作物品种审定委员会审定，审定编号：黔品审243号。2002年通过湖北省农作物品种审定委员会审定，审定编号：鄂审稻020-2002。

属籼型三系杂交晚稻组合，中感光温，短日高温生育期长。

在湖南全生育期115天，比威优64长1天。株高100厘米左右，株型适中，分蘖力较弱，穗型较大，后期落色好。每穗120粒左右，结实率80%，谷长粒型，千粒重26克。1996—1997年参加湖南省区域试验，平均亩产470千克，比威优64增产6%。抗病性：湖南鉴定中抗稻瘟病，不抗白叶枯病，湖北鉴定感稻瘟病。米质：较好，湖南检测精米率69.3%、整精米率60%、精米长7.3毫米、长宽比为3.3、垩白粒率67%、垩白大小12.5%、碱消值6.2级、胶稠度34毫米、直链淀粉含量22%、蛋白质含量10.6%。适宜在广西中北部、湖南、江西白叶枯病轻发区和湖北稻瘟病无病区或轻病区作晚稻种植，以及在贵州海拔700~1 200米区域作一季中稻种植。

穗长25.6厘米，平均每穗总粒数199.6粒，实粒数169.5粒，结实率84.8%，千粒重29.7克。2009年参加河南省籼稻品种区域试验，9点汇总，7点增产2点减产，平均亩产稻谷591.1千克，较对照Ⅱ优838增产6.03%，达极显著，居20个参试品种第2位；2010年续试，9点汇总，8点增产1点减产，平均亩产稻谷580.0千克，较对照Ⅱ优838增产6.2%，达极显著，居19个参试品种第2位。2011年参加河南省生产试验，6点汇总，6点增产，平均亩产稻谷615.7千克，比对照Ⅱ优838增产8.5%，居9个参试品种第1位。2011年经江苏省农业科学院植物保护研究所抗病性鉴定：抗稻瘟病（0级），对叶瘟ZD1表现为感（5级），中抗穗颈瘟（2级），抗纹枯病（R），对水稻白叶枯病代表菌株浙173和KS-6-6表现感（5级），对JS49-6和PX079表现中抗（3级）。2010年经农业部食品质量监督检验测试中心（武汉）检测：出糙率80.4%，精米率70.6%，整精米率59.7%，粒长5.9毫米，粒型长宽比为2.3，垩白粒率74%，垩白度10.4%，透明度2级，碱消值5.0级，胶稠度60毫米，直链淀粉19.2%。2011年检测：出糙率80.6%，精米率71.6%，整精米率67.4%，粒长6.1毫米，粒型长宽比为2.2，垩白粒率55%，垩白度5.5%，胶稠度48毫米，透明度1级，碱消值6.0级，直链淀粉19.8%。适宜在豫南稻区高水肥地种植。

（16）T优207。湖南杂交水稻研究中心选育，2001年通过广西农作物品种审定委员会审定，审定编号：桂审稻2001065号；2002年通过贵州农作物品种审定委员会审定，审定编号：黔审稻2002002号；2003年通过湖南省农作物品种审定委员会审定，审定编号：XS011-2003；2005年通过江西省农作物品种审定委员会审定，审定编号：赣审稻2005036；2006年通过湖北省农作物品种审定委员会审定，审定编号：鄂审稻2006009。

属籼型三系杂交水稻，株高105厘米，株型适中，叶色蓝绿，剑叶直立长而不披，属叶下禾，剑叶夹角小。分蘖力中等，每亩有效穗20万个左右，穗长24厘米，每穗总粒119粒，结实率82.9%，千粒重26克。全生育期114天，比威优77长5天，属晚籼迟熟偏早类型。两年湖南省区域试验平均亩产492.2千克，比对照威优77高3.5%。经省区域试验抗病性鉴定：叶稻瘟5级，穗稻瘟5级，白叶枯病5级。检测：稻谷出糙率81.5%，精米率69.9%，整精米率60%，长宽比为3.1。垩白粒率32.5%，垩白大小3.3%。适宜在广西中部、北部作早、晚稻推广种植，以及在贵州省中早熟籼稻区种植，在湖南省作双季晚稻种植，在湖北省稻瘟病无病区或轻病区作一季晚稻种植，江西全省均可种植。

（17）9优418（天协1号）。江苏省徐淮地区徐州农业科学研究所选育（9201A×C418），2000年和2002年分别通过国家和安徽省农作物品种委员会审定，审定编号分别为国审稻20000009和皖品审02010330。

属三系杂交粳稻。全生育期155天左右，株型紧凑挺拔，分蘖力中上，有效穗每亩16万~18万个。株高120~125厘米，主茎总叶片数18张，伸长节间6个。茎秆弹性好，抗倒能力强。单株有效穗8~10个，穗长25厘米，一次枝梗11.3个，二次枝梗35.2个，每穗总粒数170~190粒，结实率80%以上，千粒重26~27克。糙米率83.2%，精米率75.1%，整精米率61.4%，垩白度21.7%，碱消值7.0级，胶稠度76毫米，直链淀粉含量16.5%。中抗稻瘟病，抗白叶枯病，抗条纹叶枯病。1998年全国北方稻区豫粳6号组区域试验，平均产量630.3千克/亩，比对照豫粳6号增产8.6%，极显著，居第一位。1999年续试产量629.8千克/亩，比对照豫粳6号增产10.6%，位居第二。两年平均产量622.1千克/亩，比CK豫粳6号增产9.61%，1999年生产试验平均产量637.7千克，比豫粳6号增产10.6%。大面积种植一般亩产650千克左右，高产超过800千克。适宜在鲁南、淮北地区种植，至2008年累计推广800万亩以上，主要分布在江苏苏中、沿淮，安徽淮北，河南南阳、驻马店、信阳等地。四川南充、湖南资兴也有一定种植面积。

（18）楚粳28号。云南省现代农业产业技术体系水稻综合试验站选育（“楚粳26”/96Y-6），2007年通过云南省农作物品种审定委员会审定，审定编号：滇审稻200722。2012年被农业部核定为超级稻品种。

属中熟粳型常规超级稻，全生育期165~170天。株高102~104厘米，穗长18~21.9厘米，株型好，分蘖强，成穗率高；穗粒数140~160粒，结实率84.4%，千粒重22~24克，谷壳黄色，颖尖白色、无芒，落粒性适中，叶穗瘟抗性强，抗倒伏能力较强。米质分析达国标优质米一级标准，质量指数94，糙米率84.4%，精米率78.0%，整精米率77.6%，粒长宽比为1.7，透明度1级，碱消值7.0级，胶稠度64毫米，粒长4.6毫米，直链淀粉含量15.1%，蛋白质含量8.7%，垩白粒率2.0%，垩白度0.4%，米粒似珍珠，外观品质优，食味佳。抗稻瘟病、白叶枯病。2009年在红塔区示范推广39 527亩，一般单产650~750千克。其百亩平均亩产已连续3年突破950千克，2010年最高时平均亩产甚至达到了1 002.11千克。适合在云南以及四川、贵州等地海拔1 500~1 850米的粳稻区种植。2011 年推广面积达 180 多万亩。

（19）连粳 7 号。江苏省连云港市农业科学研究院选育（镇稻 88/中粳 8415//中粳川-2/武育粳 3 号），2010 年通过江苏省农作物品种审定委员会审定，审定编号：苏审稻 201008。2012 年被农业部核定为超级稻品种。

属中熟中粳型常规超级稻，全生育期 153 天。株高 98.6 厘米，每亩有效穗 19.6 万个，每穗实粒数 130 粒，结实率 90.3%，千粒重 26.6 克。株型紧凑，穗型较大，分蘖力较强，整齐度好，熟期转色较好，抗倒性中等。中感白叶枯病、纹枯病，感穗颈瘟；米质理化指标根据农业部食品检测中心检测：整精米率 72.6%，垩白粒率 19.0%，垩白度 2.0%，胶稠度 84.0 毫米，直链淀粉含量 16.2%，达到国标二级优质稻谷标准。一般亩产 670.1 千克，适宜在江苏省淮北地区种植，2010 年推广面积达 161 万亩。

（20）南粳 44（“宁 4009”）。江苏省农业科学院选育（经南粳 38 系统选育），2007 年通过江苏省农作物品种委员会审定，审定编号：苏审稻 200709。2010 年被农业部核准为超级稻品种。

属早熟晚粳型超级稻，全生育期 155~158 天。株高 100 厘米左右，株型紧凑，长势较旺，穗型中等，分蘖力较强，叶色浅绿，群体整齐度好，后期熟色好，抗倒性强；每亩有效穗 19 万个左右，每穗实粒数 130 粒左右，结实率 90%左右，千粒重 26 克左右。接种鉴定，中感白叶枯病，感穗颈瘟，高感纹枯病；条纹叶枯病 2005—2006 年田间种植鉴定最高穴发病率 19.5%（感病对照两年平均穴发病率 87.6%）；米质据农业部食品质量检测中心 2006 年检测，整精米率 62.0%，垩白粒率 28.0%，垩白度 2.2%，胶稠度 78.0 毫米，直链淀粉含量 15.5%，米质理化指标达到国标三级优质稻谷标准。一般产量每亩不低于 700 千克，高产可达 792.7 千克，适宜江苏省沿江及苏南地区中上等肥力条件下种植，2009 年推广面积超过 400 万亩，成为江苏省种植面积最大的水稻品种。

（21）宁粳 3 号。南京农业大学选育（宁粳 1 号/宁粳 2 号），2008 年通过江苏省农作物品种审定委员会审定，审定编号：苏审稻 200809。2010 年被农业部核准为超级稻品种。

属早熟晚粳型超级稻，全生育期 158 天左右。株高 98 厘米左右，株型紧凑，长势较旺，分蘖力较强，后期熟相较好，抗倒性较强，落粒性中等。每亩有效穗 20.2 万个左右，每穗实粒数 127.5 粒左右（生产试验 141.9 粒），结实率 91.2%左右，千粒重 26 克左右。接种鉴定，中感白叶枯病（抗—中感）、感穗颈瘟（感—中抗）和纹枯病（感—抗）；条纹叶枯病发病指数较低（中感—中抗），大田表现抗条纹叶枯病较好，田间各种病害发生较轻或没有发生。米质达国标三级优质标准，口感较佳，有淡雅香味。适宜江苏省沿江及苏南地区中上等肥力条件下种植，2010 年推广面积为 107 万亩。

（22）合美占。广东省农业科学院选育（丰美占/合丝占），2008 年通过广东省农作物品种审定委员会审定，审定编号：粤审稻 2008006。2010 年被农业部核准为超级稻品种。

属早中晚兼用籼型常规超级稻，早造平均全生育期 129～130 天。株高 97.7～99.9 厘米，穗长 20.7～21.5 厘米，亩有效穗 22.6 万～23.2 万个，每穗总粒数 117.2～117.8 粒，结实率 85.0%～86.1%，千粒重 18.8～19.6 克。株型适中，叶色浓绿，抽穗整齐，结实率高，后期熟色好，抗倒性、苗期耐寒性中等。抗寒性模拟鉴定孕穗期为中弱，开花期为中弱。早造米质达省标优质 3 级，整精米率 61.3%，垩白粒率 24%，垩白度 6.1%，直链淀粉 16.8%，胶稠度 70 毫米，食味品质分 9。中感稻瘟病，中抗白叶枯病，抗寒性中弱。一般亩产不低于 420 千克，高产可达 800 千克以上，适宜广东省中南和西南稻作区的平原地区早、晚造种植，至 2010 年该省累计种植 141.72

万亩。

（23）龙粳21。黑龙江农业科学院选育（龙交91036-1//龙花95361/龙花91340），2008年通过黑龙江农作物审定委员会审定，审定编号：黑审稻2008008。2009年被农业部核准为超级稻品种。

属中早熟粳型超级稻，全生育期126~132天。株高90.5厘米左右，穗长14.2厘米，每穗粒数90粒，千粒重27.0克左右，无芒，颖尖浅褐色。株型收敛，剑叶较短且开张角度小，整齐一致，分蘖力强，幼苗生长势强，抗稻瘟病性强，耐寒。糙米率82.9%，整粳米率68.5%，垩白粒率2.0%，垩白度0.2%，直链淀粉18.2%，胶稠度80.0毫米，长宽比为1.8，清亮透明，口感好，主要品质指标均达到国家优质食用稻米二级标准。在大面积生产条件下，一般产量水平每亩533~600千克，适宜在黑龙江省第二积温带插秧栽培，2010年推广面积达350万亩。

（24）中嘉早17。中国水稻研究所、浙江省嘉兴市农业科学研究院选育（中选181/嘉育253），2008年和2009年分别通过浙江省和国家农作物品种审定委员会审定，国审编号：国审稻2009008。2010年被农业部核准为超级稻品种。

属早熟籼型常规超级稻，全生育期平均109.0天。株高88.4厘米，穗长18.0厘米，每穗总粒数122.5粒，结实率82.5%，千粒重26.3克，每亩有效穗数20.6万个。株型适中，分蘖力中等，茎秆粗壮，叶片宽挺，熟期转色好，高感稻瘟病，感白叶枯病，高感褐飞虱，感白背飞虱。米质主要指标：整精米率66.7%，长宽比为2.2，垩白粒率96%，垩白度17.9%，胶稠度77毫米，直链淀粉含量25.9%，米质一般。一般亩产在600千克以上，高产田块可达704千克以上，适宜在江西、湖南、安徽、浙江的稻瘟病、白叶枯病轻发的双季稻区作早稻种植。

（25）宁粳1号。南京农业大学选育（武运粳8号/W3668），2004年通过江苏省农作物品种审定委员会审定，审定编号：苏审稻200417。2007年被农业部核准为超级稻品种。

属早熟晚粳稻型常规超级稻，全生育期156天左右。株高97厘米左右，株型集散适中，生长清秀，叶片挺举，叶色较淡，穗型中等，分蘖性较强，抗倒性较好，每亩有效穗21万个左右，每穗实粒数113粒左右，结实率91%左右，千粒重28克左右。接种鉴定，中抗穗颈瘟，抗白叶枯病，感纹枯病，在水稻条纹叶枯病特大爆发的2004年，该品种的条纹叶枯病发病率显著轻于武育粳3号等品种。后期熟相好，较易落粒。据农业部食品质量检测中心2003年检测，整精米率66.6%，垩白粒率29%，垩白度4.8%，胶稠度82毫米，直链淀粉含量17.17%，米质理化指标达到国标三级优质稻谷标准。一般亩产650千克以上，高产可达800千克，适宜江苏省沿江及江苏苏南地区中上等肥力条件下种植，2009年推广面积为197万亩。

（26）淮稻11号。江苏徐淮地区淮阴农业科学研究所选育（以淮稻9号经系统选育而成），2008年通过江苏省农作物审定委员会审定，审定编号：苏审稻200805。2009年被农业部核准为超级稻品种。

属中熟中粳型超级稻，全生育期156天。株高103.9厘米，株型紧凑，长势较旺，穗型中等，分蘖力中等，叶色深绿，群体整齐度好，后期熟色好，抗倒性强；每亩有效穗18.4万个，每穗实粒数123粒，结实率88.4%，千粒重27.7克。接种鉴定，中感白叶枯病，感穗颈瘟，高感纹枯病；条纹叶枯病2006—2007年田间种植鉴定最高穴发病率24.4%（感病对照两年平均穴发病率70.5%）；米质理化指标据农业部食品质量检测中心2005年检测，整精米率72.0%，垩白粒率10.0%，垩白度1.0%，胶稠度76.0毫米，直链淀粉含量

18.4%，达到国标二级优质稻谷标准。大面积示范试种，一般亩产650千克，高产田达750千克以上，适宜江苏省淮北地区中上等肥力条件下种植。

（27）中嘉早32号。中国水稻研究所、嘉兴市农业科学研究院选育（01D1-1/G95-40//01D1-1），2006年通过浙江省农作物品种审定委员会审定，审定编号：浙审稻2006021。2009年被农业部核准为超级稻品种。

属中熟偏迟早籼型常规超级稻，全生育期109.2天。株高83.6厘米，平均亩有效穗18.2万个，成穗率80.7%，穗长18.2厘米，每穗总粒数145.2粒，实粒数129.0粒，结实率88.8%，千粒重26.4克。分蘖力中等偏弱，丰产性好；剑叶挺，后期转色好；株高适中，茎秆粗壮，抗倒性较强；经农业部稻米及制品质量监督检测中心2005—2006年米质检测，平均整精米率45.3%，长宽比为2.3，垩白粒率97.8%，垩白度20.1%，透明度4级，胶稠度76.5毫米，直链淀粉含量25.6%，米质与对照相仿。中抗稻瘟病和白叶枯病。一般亩产在500千克以上，适宜在浙江省作早稻种植。

（28）淮稻9号（原名“淮68”）。江苏徐淮地区淮阴农业科学研究所选育（扬稻3号/02428//IR26///中国45/连粳1号），2006年通过江苏省农作物品种审定委员会审定，审定编号：苏审稻200607。2007年被农业部核准为超级稻品种。

属迟熟中粳型常规超级稻，全生育期152天左右。株高100厘米左右，株型紧凑，长势旺，穗型中等，分蘖力较强，叶挺色深，群体整齐度好，后期熟色较好，抗倒性较强，较难落粒；每亩有效穗数20万个左右，每穗实粒数100粒左右，结实率85%左右，千粒重27克左右。接种鉴定，中感穗颈瘟、白叶枯病；米质据农业部食品质量检测中心2003—2005年检测，整精米率63.5%，垩白粒率14.3%，垩白度1.8%，胶稠度73.0毫米，直链淀粉含量18.0%，米质达到国标三级优质稻谷标准。一般亩产650千克左右，适宜江苏省苏中及宁镇扬丘陵地区中上等肥力条件下种植。

（29）辽星一号。辽宁省稻作研究所选育（辽粳454×沈农9017），2005年通过辽宁省农作物品种审定委员会审定，审定编号：辽审稻［2005］135号。2007年被农业部核准为超级稻品种。

属中熟粳型常规超级稻，全生育期158天。成株株高104厘米，半散穗，穗长18~20厘米，颖壳黄褐色，穗顶部有芒。平均每穗140粒左右，结实率89.0%，千粒重23.9克，抗倒性强，活秆成熟不早衰。株型紧凑，茎秆粗壮，根系发达，叶片上冲，叶色浓绿，分蘖力较强。糙米率82.0%，精米率74.3%，整精米率65.6%，粒长5.0毫米，长宽比为1.9，垩白粒率2%，垩白度0.7%，透明度1级，碱消值7.0级，胶稠度82毫米，直链淀粉17.3%，蛋白质8.5%，米质主要品质指标达到国标一级优质稻米。抗稻曲病、白叶枯病。一般亩产650~700千克，高产田可达800千克以上，适宜辽宁省内沈阳以北中熟稻区种植。

（30）中早22。中国水稻研究所选育（Z935/中选11体细胞无性系变异技术处理），2004年通过浙江省农作物品种审定委员会审定，审定编号：浙审稻2004003。2006年被农业部核准为超级稻品种。

属迟熟早籼型常规超级稻，全生育期112~115天。株高92~95厘米，亩有效穗17.52万个，每穗总粒120~150粒，结实率70%~80%，千粒重27~28克。株型集散适中，茎秆粗壮，较耐肥抗倒，分蘖力中等，穗大粒多，丰产性好。表现中抗稻瘟病，抗白叶枯病，中抗白背飞虱。2002年农业部稻米及制品质量监测中心米质分析结果：糙米率80.5%，精米率72.9%，整精米率27.4%，粒长6.4毫米，长宽比为2.6，垩白粒率86%，垩白度20.2%，透明度3级，糊化温度5.9，胶稠度 44 毫米，真链淀粉含量 24. 3%，米质检验结果达国家优质米 2 级水平。一般亩产 620 千克左右，高产可达 693. 7 千克，达到农业部规定的双季早稻“超级稻一期”目标，适宜在浙江省衢州、金华及浙江省内生态类似地区推广种植。

（31）吉粳 88。吉林省农业科学院选育（奥羽 346/长白 9 号），2005 年通过吉林省农作物品种审定委员会审定，审定编号为：吉审稻 20050015。2005 年被农业部核准为超级稻品种。

属中晚熟偏晚粳型常规超级稻，生育期 143～145 天。株高 100～105 厘米，株型紧凑，叶片坚挺上举，茎叶浅淡绿，分蘖力中等，每穴有效穗 22 个左右。主穗长 18 厘米，半直立穗型，主蘖穗整齐，主穗粒数 220 粒，平均粒数 120 粒，着粒密度适中，结实率 95% 以上。粒形椭圆，颖及颖尖均黄色，稀间短芒，千粒重 22. 5 克。苗期对稻瘟病表现为抗，异地田间自然诱发叶瘟鉴定表现中抗至高抗，异地田间自然诱发穗瘟鉴定表现中抗至高抗，穗瘟最高发病率 60%。依据农业部 NY 122—1986《优质食用稻米》标准，糙米率、精米率、整精米率、长宽比为、垩白粒率、垩白度、透明度、碱消值、胶稠度、直链淀粉含量、蛋白质含量共 11 项指标达到国家一级优质米标准，综合评价等级为 1 级优质米。一般亩产 700 千克以上，高产达 834 千克，适宜在黑龙江第一积温带上限、吉林省中熟稻区、辽宁东北部、宁夏引黄灌区以及内蒙古赤峰和通辽南部、甘肃中北部及河西稻区种植。2009 年、2010 年推广面积分别为 165 万亩、170 万亩。

二、播前处理

水稻播种前要经过一系列的种子处理，确保水稻苗齐苗壮，为水稻生产提供足够数量健康的秧苗打好基础。目前种子播前处理的主要环节包括晒种、选种、消毒、浸种、催芽 5 个主要流程。

(一) 晒种

晒种能增强种子的通透性和吸水能力，增强种子活性，提高发芽势率，一般能使发芽势率提高2%~5%。通常在播种前5~7天，选择晴暖天气连续晒种2~3天，并做到晒匀、晒透、勤翻动，晒后注意种子防潮。

(二) 选种

选种是为了清除青秕空粒、杂草籽及其他杂物，选出饱满、整齐、纯净的种子，以培育壮秧和减少杂草。通常采用清水选种：将晒好的种子用清水浸泡，捞起浮在水面的瘪粒即可。目前，市场上购买的精包装稻种一般不用选种。

(三) 消毒

水稻的一些病虫害，如稻瘟病、恶苗病、白叶枯病都是通过种子带病传播的。消毒的目的是为了避免种子带菌在大田浸染和传播。消毒的常见方法如下。

(1) 种衣剂拌种或包衣。用种衣剂拌种或包衣可以防治恶苗病、稻瘟病、干线虫病和地下害虫等。

(2) 石灰水浸种。用1%的石灰水清液浸种，不要破坏水面上的石灰膜。水深高出种子3厘米以上。

(3) 强氯精浸种。先将种子预浸12~24小时，然后用250~300倍的强氯精液浸种12小时，清水洗净后继续浸种催芽。

(4) 恶苗灵浸种。用35%的恶苗灵250倍液浸种24小时以上。消毒后的稻种要用清水冲洗干净后再催芽，以免影响发芽。

(四) 浸种

浸种是为了让种子吸水迅速充分，便于发芽。水稻种子一般要吸到自身重30%~35%的水量才能发芽。因此，一定要使种子浸到足够的时间使种子吸足水分。种子吸足水分的特征是：谷壳半透明、腹白分明可见、胚部膨大。温度10℃一般需浸种72小时，20℃时需浸种48小时，30℃时需浸种24小时。

（五）催芽

催芽是根据种子发芽过程中对温度、水分和空气的要求，利用人为措施，创造良好发芽条件，使发芽达到“快、齐、匀、壮”。“快”指3天内能催好芽；“齐”要求发芽率达90%以上；“匀”指根芽整齐一致；“壮”要求幼芽粗壮，根芽比适当（芽长半粒谷，根长一粒谷）、颜色鲜白。一般催芽过程可分为高温破胸、适温齐根芽和摊晾炼芽3个阶段。

（1）高温破胸。一般要求在24小时内达到破胸整齐。先将种谷在50~55℃温水中预热5~10分钟，再起水沥干、密封保温，保持35~38℃以增加胚的呼吸强度，缩小种胚活动强度之间的差异，使破胸露白迅速。温度偏低则破胸不齐。杂交稻种催芽温度不宜过高，以30℃为宜。

（2）适温齐根芽。破胸后种谷呼吸强度剧烈，温度迅速增加。由于呼吸热的积累，温度可上升达40℃以上，会灼伤根芽，产生“烧芽”现象，这是催芽中的危险期。因此要求通气和降温，经常翻堆散热，并淋25℃温水，将谷堆温度保持在25℃左右，促进齐根芽。

（3）摊晾炼芽。当谷芽和根达到播种要求长度时，催芽结束。为使芽谷能适应播种后的自然环境，催好的芽谷一般要摊晾炼芽，置于室内摊放一段时间，再行播种。若天气不好，可将芽谷摊薄，待天气转晴后再播种。

第五节　需水特性与节水灌溉

一、需水特性

（一）稻田需水量

稻田需水量包括生理需水量和生态需水量。生理需水量是指水稻通过根系从土壤中吸入体内的水分，以满足个体生长发育和不断进行生理代谢所消耗的水分的总量；生态需水量是指稻株外部环境及其所生活的土壤环境用水，是作为生态因子调节稻田湿度、温度、肥力和水质以及通气作用等所消耗的水量，包括稻田的蒸腾和渗漏部分。蒸腾是指田间水面或土壤蒸发到大气中去的水分，渗漏是指受土壤重力水影响而发生的垂直渗漏及由于水势梯度而产生的侧向渗漏。

水稻个体生理需水与群体生态需水是对立统一的。当生长过旺，即个体生理需水和群体生态需水发生矛盾时，水层管理方式需要根据群体的生态需水来制定。由于水稻生理需水和生态需水在不同时期内有一定的变化幅度，而且又受气候、土壤、栽培季节和栽培条件等因子影响，所以水稻水分管理方式应根据其生理和生态需水变化合理进行。

（二）不同时期水分适宜范围

（1）返青期。返青期间稻田要保持一定水层，给秧苗创造一个温湿较为稳定的环境，以促进早发新根、加速返青；水层不能超过最上面全出叶的叶耳，否则会影响生长的恢复；早栽的秧苗，因气温较低，白天灌浅水，夜间灌深水，寒潮来时应适当深灌防寒护苗；返青期遇阴雨应浅水或湿润灌溉。

（2）分蘖期。适宜水稻分蘖的田间水分状况是土壤含水高度饱和到有浅水之间，以促进分蘖早生快发。随着水层加深分蘖会受到抑制，生产上多采用排水晒田的方法来抑制无效分蘖。

（3）幼穗发育期。稻穗发育过程是水稻一生中生理需水的临界期。加之晒田复水后稻田渗漏量有所增大，一般此时需水量占全生育期的30%~40%。此期一般宜采用水层灌溉，淹水深度不宜超过10厘米，维持深水层时间也不宜过长。

（4）抽穗开花期。抽穗开花期对稻田缺水的敏感程度仅次于孕穗期。受旱时，重则出穗、开花困难，轻则影响花粉和柱头的活力、空秕率增加。一般要求水层灌溉。在一季稻抽穗开花期常遇高温为害的地区，稻田保持水层可明显减轻高温为害。

（5）灌浆结实期。后期断水过早会影响稻株的吸收和运输，使秕粒增加。此期最适的水分是间隙灌水，使稻田处于渍水与落水相交替的状态。

二、节水灌溉

（一）主要技术

水资源匮乏是限制北方粳稻发展的主要因素，特别是辽宁和吉林，人均水资源占有量仅为全国的1/3，是我国严重缺水省份。因此，科研人员总结出一系列节水种稻技术，如通过硬化渠道实施的工程节水；采取适宜的育苗、插秧及灌溉方式的农艺节水；通过选育抗旱品种实行的生物节水；利用化学抗旱剂进行的化学节水等。生产上一般应坚持因地制宜，综合运用，包括选用抗旱高产优质新品种，少免耕全旱整地，旱育带蘖壮秧节水栽秧，浅、湿、干交替间断灌溉，施用新型长效复合肥与合理施肥，应用化学节水剂与化学调控技术，调节种植制度等多种节水栽培技术。

节省灌溉用水是节水种稻最关键的技术，主要环节如下。

（1）精细整地。插秧前地耙的如何对灌溉用水影响最大，特别是井灌田和漏水田，水耙地时务必要把地耙的细而再细，一定要形成泥浆，这样经过沉淀后，保水性就会特别好。

（2）依据水稻不同生长发育阶段需水规律灌水。返青期正处于春季少雨干旱时，空气湿度低、蒸发量大，秧苗耐旱能力差。特别是盐碱地稻区，秧苗需水量大，此时一定要保持水层，适当增加灌水量与次数。一般每次灌水5厘米左右，促进秧苗返青和分蘖。幼穗分化期以后，代谢作用增强，叶面积增大，此时正值北方温度最高季节，需水多，蒸发量大，一定要适当增加灌水量。其余则以干湿交替灌溉为主，特别是在幼穗分化前半个月，可以充分晒田，减少灌水量。

（二）水稻晚育晚插节水栽培

晚育晚插节水栽培是指在选用早熟高产品种的基础上，将播插期后移15~20天，至少可少灌两茬水，每亩可节约水150立方米。除少数极早熟稻区外，东北、西北和华北水稻一般都是在4月上中旬育苗，5月上中旬移栽，5月25日前后移栽结束。此时这些区域正值干旱枯水期，风大雨少，日照充足，田间蒸发和渗漏量极大，正是缺水最严重时期和水稻用水最多时期。若在此期间移栽，仅泡田用水、插后缓苗补水就消耗水田全年用水量的30%以上。因此，水稻晚育晚插节水关键技术主要有以下几点。

（1）必须选用大穗型中早熟高产品种。与正常栽培相比，晚育晚插栽培水稻营养生长期会相对缩短，稻穗也会相应缩小，选用大穗型中早熟高产品种，容易确保穗粒数。

（2）适当增加播种量和基本苗数，确保单位面积有足够的收获穗数，一般播量应控制在芽种（即催芽湿种为干种重量的1.3倍）200克/平方米。

（3）前期适当重施肥，促进早生快发。

三、晒田的作用及其技术要点

（一）晒田的生理生态作用

（1）改变土壤的理化性质，更新土壤环境，促进生长中心从蘖向穗的顺序转移，对培育大穗十分有利。

（2）调整植株长相，促进根系发育，促进无效分蘖死亡，叶和节间变短，秆壁变厚，植株抗倒力增强；促进根系下扎，白根增多，根系活动范围扩大、根系活力增加。高产栽培中，当全田总苗数达到一定程度时，采取排水晒田，以提高分蘖成穗率、增加穗粒数和结实率。

（二）晒田技术要点

（1）晒田原则。坚持“苗到不等时、时到不等苗”的原则。“苗到不等时”是指够苗就要晒田，不必等到水稻生长发育达到一定时期才晒。杂交水稻由于分蘖能力较强，刚开始晒田时仍然能够继续分蘖，晒田时间应适当提前，在总茎蘖数达到计划苗数八成时即开始晒田；“时到不等苗”是指水稻一旦进入分蘖末期至幼穗分化始期，即使每亩总茎蘖数尚未达到预定目标，也要及时排水晒田。

（2）晒田时间。晒田时间的长短要因天气而定，如晒田期间气温高、空气湿度小，晒田的天数应少些；如气温低、湿度大的阴雨天气，则晒田天数应多些。此外，晒田还要根据水源条件和灌区渠系配套情况而定，应避免晒田后灌水不及时而发生干旱，影响水稻正常生长。

（3）晒田程度。在晒田程度上，要看田、看苗、看天气灵活掌握。一般叶色浓绿、生长旺盛的肥田，以及低洼冷浸烂泥田要重晒；叶色青绿、长势一般、施肥不多的瘦田，以及灌水困难的旱田要轻晒；保水性能差的沙土田、胶泥田以及“望天田”不宜晒田。晒田时间一般控制在5~7天，以晒至田面出现鸡爪裂纹、秧苗叶色转淡、叶片挺直如剑、进田站立不陷脚、新根现田面、老根往下扎为宜。

（4）晒后管理。晒田后要及时复水，同时根据苗情长势每亩追施尿素2~3千克作为拔节孕穗肥，直到抽穗前不再断水，做到水肥充足，以促进水稻孕穗拔节，这样才能保证水稻稳产、高产。

第二章　苗期生产管理

第一节　生育特点及水肥管理

一、生育特点

从种子开始萌动到第三片完全叶全部抽出的一段时期，称幼苗期，也叫秧苗期。该时期的主要生育特点是只生长根和叶片，生长所需的养分主要靠水稻种子中的胚乳分解供给。北方稻区生育期短，活动积温少，前期升温慢，中期高温时间短，后期降温快，低温冷害多。因此，培育出插后返青快、适时进入分蘖的健壮秧苗尤为重要。

（一）种子萌发

水稻一生是从种子萌发开始的，种子萌发需要经过吸胀（种子吸水膨胀）、破胸（胚根、胚芽细胞分裂增殖，胚芽鞘细胞的体积增大，伸长并突破谷壳露出白点）和发芽（胚根长到与种子等长，胚芽为种子一半长度时）等过程。生产上稻种的吸胀是在浸种过程中完成的，而破胸和发芽则是在催芽过程中完成的。

（二）幼苗生长

发芽的种子播种后，从地上部看，首先是长出白色、圆筒状的胚芽鞘，接着从胚芽鞘中长出只有叶鞘而没有叶片的绿色筒状不完全叶，称为现青，也叫出苗。现青后依次长出第一、第二、第三完全叶，当第四完全叶抽出时，基部茎节就可能发生分蘖。因此，生产上通常把第四完全叶抽出以前的时期称为幼苗期。3 叶期以后的秧苗抗寒性下降，抵御不良环境的能力减弱，是防止烂秧的关键时期。

二、水肥管理

（一）水分管理

水分管理要针对不同叶龄期分阶段采取如下措施。

（1）播种出苗至齐苗期。育秧出苗不齐和出苗率不高的主要原因是水分控制不当。土壤水分对出苗率和出苗速度的影响很大，所以齐苗前一定要保持床土相对含水量在 70%~80%，但是还要具体考虑不同品种。不同品种出苗对土壤水分的要求存在明显差别。

（2）及时揭膜，及时补水。一般来说，旱育秧播种后 5~7 天要揭去苗床上的覆盖物。揭膜要看天气，晴天一般傍晚揭，阴天则是上午揭。要边揭膜边浇一次透水，弥补土壤水分的不足，防止死苗。

（3）齐苗期至移栽前。这一时期主要以控水控苗为主。2~3 叶期的幼小秧苗要及时补水，4 叶期以后要及时控水，即使中午叶片出现萎蔫也无需补水。但是一旦发现叶片出现“卷筒”现象时要选择在傍晚适当喷水，但一次补水量不宜过大，次数也不能多。移栽前一天傍晚，可以结合施“送嫁肥”浇一次透水。

（二）肥料管理

秧苗期施肥重在培育壮秧。育秧的苗床是经过严格培肥的，供肥总量充足、养分全面，所以在秧苗生长期一般不会缺肥。但是随着叶龄的增加，秧苗所需要的营养元素也在不断增加，在培育中苗或大苗时，后期往往出现秧苗落黄脱力的症状，这个时候必须适时适量追肥。一般来说，旱育秧秧苗期需肥量相对较少，在苗床充分培肥的情况下，秧苗期一般不需要再施追肥，但培肥不好、底肥不足、出现落黄的秧田要及时撒施速效氮肥，每亩秧田施 4～6 千克尿素并及时浇水，以防肥害。水育秧秧苗期需肥量则相对较大，追肥量较多，要求少量多次均匀撒施，以防止烧苗。

第二节　秧田培肥与材料准备

一、秧田培肥

（一）确定面积

根据种植面积、育苗方式、秧田本田比例来确定苗床数。常规窄床育苗（15 米×1.1 米）秧田和本田的比例为 1∶(30～35)；宽床开闭式旱育苗，秧田和本田的比例为 1∶(60～80)。现行推广的软盘育苗和钵盘育苗，若按本田行穴距 30 厘米×13.3 厘米计算，每亩需 30 盘左右，秧田和本田比例为 1∶120。根据秧田和本田的比例即可计算出应育苗床数。

（二）整地做床

（1）整地。春、秋季皆可整地，不提倡犁翻，最好进行旋耕松土。坚持早整地、早找平。整地后，施优质腐熟的有机农肥，使之与土壤混合均匀，融为一体。

（2）做床。做床质量直接影响播种质量和秧田管理，可以春做或秋做。要坚持早整地、早做床、早找平，再施以优质腐熟细碎农家肥。此外，还要施速效化肥，每平方米施硫酸铵 50 克、硫酸钾 25 克、过磷酸钙 80 克或磷酸二铵 15～20 克。施肥后一般进行“三刨二挠”，刨匀、挠细、耧平，要求床面平整、细碎、刮平，并用石磙压实、压平，防止坑洼不平影响出苗。同时，保持床高一致，挖好排水沟，防止内涝积水。播种前做好床土酸化处理。

(三) 秧田培肥

秧田培肥可分 3 次进行，即冬前培肥、春季培肥和播前培肥。

(1) 冬前培肥。在冬至前，以有机肥为主。施足有机肥，通常每亩施用 1 000~1 500 千克较腐烂的稻、麦草等；全层施肥且拌和均匀，采取分次投肥，将肥土混拌均匀后施在 15 厘米左右土层中；配合施用速效氮肥，加速有机物分解。

(2) 春季培肥。在立春后至水稻栽植前，施用充分腐熟厩肥，每亩施入量为 1 500~2 000 千克。施用时间越早越好，以利少量未腐熟的厩肥进一步腐化，并将其与床土混拌均匀。

(3) 播前培肥。播种前亩施 45%复合肥 40~50 千克和壮秧营养剂等，以迅速提高供肥强度。复合肥施用时间要掌握在播种前 15 天以上，严防氨中毒而导致肥害烧根死苗；壮秧剂应在播前 1~2 天，按照产品使用说明确定使用量施用，不能随意增减。

二、材料准备

(一) 软 (硬) 盘育苗数量

目前使用的软、硬盘规格是统一的，均为长 58 厘米、宽 28 厘米、盘高 2.5 厘米。每亩本田所需软 (硬) 盘数和每床秧盘数计算如下：

$$\text{每亩本田所需盘数}=\frac{(1+10\%)\times\text{每亩需苗数}\times 1.25\times\text{千粒重}}{\text{每盘芽种重量}\times 1\,000\times\text{发芽率}\times\text{成苗率}}$$

$$\text{每床秧盘数}=\frac{(1-13.5\%)\times\text{苗床播种面积}}{\text{每个秧盘面积}}$$

实际生产中，每亩需软 (硬) 盘 25~35 盘。如苗床宽

1.8米、长15米、播幅宽1.5米，每床可摆放秧盘125盘。

（二）钵盘育苗数量计算

目前生产上推广的钵盘，规格和钵孔数稍有不同。在生产上，钵盘规格为60.3厘米×32.6厘米，每盘561孔，每亩所需钵盘30盘，每22.5平方米标准床（宽1.5米×长15米）可育苗100盘。每亩抛秧所需盘数和每床可育苗盘数计算公式如下：

$$每亩抛秧盘数=\frac{(1+10\%)\times 每亩抛栽穴数}{每盘孔穴数}$$

$$每床可育苗盘数=\frac{(1-11\%)\times 苗床播种面积}{每个钵盘面积}$$

（三）无纺布和塑料薄膜数量

无纺布育苗时必须选用专用特制无纺布，即符合FZ/T 64004—1993规定，以聚丙烯纤维基切片为原料，采用纺粘法喷丝热压制成，单位面积质量≥35克/平方米，幅宽≥2.1米，并经防老化处理的长丝无纺布。用量一般按长度计，即比苗床长度长1米。切不可将一般工业用无纺布等同于水稻育苗专用无纺布。塑料薄膜的数量根据苗床宽度和长度，选择合适的规格和尺寸。

第三节　育秧方式与适期播种

一、适时播种

（一）早播界限期和迟播界限期

（1）早播界限期。早播界限期要根据发芽出苗对温度的要求确定。在自然条件下，将当日平均气温稳定通过12℃的初日作为籼稻的早播界限期，再根据当年气象预报，抓住冷尾暖头，抢晴播种。早播还要考虑能适时早栽，安全孕穗。水稻安全移栽的温度指标为日平均温度15℃以上。移栽过早会推迟返青，会导致死苗或僵苗。

（2）迟播界限期。要保证安全齐穗。水稻抽穗期低温伤害的温度指标为日平均温度连续3天以上低于22℃。一般以秋季日平均温度稳定通过22℃的终日分别作为籼稻与籼型杂交稻的安全齐穗期。根据各品种从播种到齐穗的生长天数就可向前推算出该品种的迟播界限日期。

（二）南方双季稻适期播种

南方双季稻播种期的确定通常要考虑气候条件、品种生育期和前后茬关系等主要因素，从有利于早稻和双季晚稻出苗、分蘖、安全孕穗和安全齐穗出发，做到适时播种。

（1）长江中下游双季稻区。长江中下游地区早稻播种一般在3月下旬至4月初，具体播期的确定以日平均温度为指标。地膜保温湿润育秧以日平均温度稳定通过10℃时、露地湿润育秧以日平均温度稳定通过12℃时即可播种，一般旱育秧较湿润育秧可以提早5~7天播种。同时，要综合考虑移栽期、秧龄弹性和栽插方式，特别是机插秧要避免秧龄过长。长江中下游地区双季晚稻的播期主要根据当地的安全齐穗期来确定，适宜栽插期在7月中下旬。因此，一般双季晚稻的播期在6月中下旬。

（2）华南双季稻区。华南地区早稻播种跨度较大，南部在1月下旬至2月上旬、中部在2月下旬至3月上旬、北部在3月上中旬，具体播期的确定以日平均温度为指标。同时要综合考虑移栽期、秧龄弹性和栽插方式，特别是机插秧要避免秧龄过长。华南地区双季晚稻的播期车要根据当地的安全齐穗期来确定，适宜栽插期南部在7月中下旬至8月上旬、中北部在7月中旬至7月底。因此，一般双季晚稻的播期南部在6月中下旬至7月上旬、中北部在6月下旬至7月中旬。

二、育秧方式

随着栽培技术的不断发展，目前南方双季稻生产上常见的育秧方式主要有以下几种。

（一）湿润育秧

湿润育秧是介于水育秧和旱育秧之间的一种育秧方式，其优点是土壤通气性比水育秧好，有利于根系的生长发育，可提高成秧率、秧苗素质，促进早生快发。

（1）整地。早稻在冬前结合翻耕，亩施腐熟有机肥1 000~1 500千克，晚稻在播种前一个月施腐熟有机肥500~700千克翻耕。播前7天耙烂整平，做成湿润通气秧床，按畦长10米、畦宽1.5米、沟宽0.3~0.4米开沟做畦，再灌水浸泡，泡软后整平畦面，做到“上糊下松、沟深面平、肥足草净、软硬适中”，每亩秧田施尿素10千克、钙镁磷肥50千克、氯化钾10千克做面肥，均匀施于畦面上，施后将泥肥混匀、耥平，待泥沉实后即可播种。

（2）播种。湿润育秧的播种量与品种特性、秧龄长短等密切相关，一般早稻以秧田本田比1∶（8~10）确定播种量，晚稻以秧田本田比1∶（6~8）确定播种量。一般来说，杂交早稻每亩秧田播种量15千克、常规稻播种25~40千克；杂交晚稻一般每亩秧田播种10千克左右，常规晚稻每亩播种12.5千克左右。早稻播种要在“暖头冷尾”抢晴天播种，双季晚稻要在阴天或晴天播种。播种时要先将种子晾干，分畦定量播种，先播70%，剩余30%第二次补播。要保证播匀、播后塌谷。早稻播后要盖地膜，双季晚稻不需覆膜。播种后要注意防治鸟害和鼠害。

（3）早稻湿润育秧田间管理。

①调控温度。早稻出苗期应该密封保温，将温度控制在30℃上下，超过35℃要揭开膜的两头通风。秧苗1叶1心至2

叶1心期，晴天白天应该揭开膜的两头通风，16时后盖膜，膜内温度控制在20~25℃。2叶1心期后，经过5~6天的炼苗，当日均温度稳定在15℃以上的时候，应该选择在晴天9~10时揭膜。

②调控水分。出苗期应该保持秧畦湿润，畦沟应放干水，以增强土壤的通透性，出苗后到揭膜前，原则上不灌水上畦，以促进发根。揭膜时灌浅水上畦，此后保持秧畦上有浅水，如果遇到寒潮可以灌深水护苗。

③适当追肥。揭膜时每亩秧田施尿素和氯化钾5千克左右做“断奶肥”，以保证秧苗生长对养分的需求。秧龄长的在移栽前可以再施尿素和氯化钾2~3千克做“送嫁肥”。

④适当化控。1叶1心期每亩秧田用15%多效唑150克对水75千克喷施以控苗促蘖。已用烯效唑浸种的，可以不再喷施。

（4）晚稻湿润育秧田间管理。

①调控水分。播种后到2叶1心期要保持畦面无水而沟中有水，以防“高温煮芽”；3叶期后灌浅水上畦，此后浅水勤灌以促进分蘖。如遇高温天气，可以日灌夜排以降温。

②及时追肥。1叶1心至2叶1心期追施断奶肥，4~5叶期施一次接力肥，移栽前3~5天施送嫁肥。每次均以亩施尿素和氯化钾各3~4千克为宜。

③控长促蘖。1叶1心期每亩秧田用15%多效唑150克对水75千克喷施以控苗促蘖。已用烯效唑浸种的，可以不再喷施多效唑。若秧龄超过40天，也可以在3叶1心期再喷施一次多效唑。

④间苗防病。2叶1心期要进行1次间苗、匀苗，以促进个体生长均匀。为加强病虫害防治，移栽前5天应打一次“送嫁药”，以减少大田病虫害的发生。

（二）旱育秧

旱育秧是利用旱地或稻田进行旱整地、湿播种、旱管理的一种育秧技术，其优点是秧龄短、秧苗壮、管理方便，可广泛用于机插、人工手插，工效高，质量好，可使育苗集约化、生产专业化，省种，省水，经济效益高。

（1）整地。选用水源方便、土壤肥沃、熟化程度高的旱地或园地做秧田。要趁晴天土壤干燥时开沟做畦，要求畦长10米、畦宽1.5米、沟宽0.3~0.4米，围沟深0.4米、腰沟深0.3米、畦沟深0.2米，做到沟沟相通，雨停水干。稻田做秧田的一定要在冬前翻耕，亩施腐熟有机肥1 500~2 000千克；或每平方米施硫酸铵（硝酸铵）120克、过磷酸钙15.0克、氯化钾20~30克，与床土表层混匀。在育秧期间，不宜用碳酸氢铵、钙镁磷肥和草木灰等碱性肥料做基肥、追肥，尿素也不适合做基肥。

（2）播种。播前先将畦面整平浇透水，然后每平方米用适量壮秧剂（具体用量应根据产品说明书确定）与干细土2千克拌匀后均匀撒在畦面上，覆土后再浇透水。播量要根据品种特性、秧龄长短和育秧期间的温度等因素来确定。当芽谷的芽长2~3毫米时播种最适宜。播种量一般以杂交早稻45~60千克/亩、常规稻90~120千克/亩为宜，秧本田比以1∶(30~40）为宜；双季晚稻杂交稻25~30千克/亩、常规稻60~80千克/亩为宜。播后用不含肥料的干细土盖种，以种子不露出为宜，浇透水，然后盖膜。

（3）早稻旱育秧田管理。

①调控温度。早稻出苗期膜内温度控制在30℃上下，超过35℃应该揭膜两头通风降温；出苗至1叶1心期膜内温度控制在25℃左右；1叶1心至2叶1心白天揭膜两头通风，保持膜内温度在20℃左右；2叶1心后选择晴天揭膜。

②调控水分。出苗期应该保持床土湿润，出苗后进行旱

育，原则上不旱不浇水；一般在床土发白、早晨秧叶尖上没有水珠时就应洒水，揭膜时淋足水，以防止失水死苗。

③追肥防病。对秧田肥力差或秧龄长后期缺肥的秧田，在后期应该适当补施速效氮、钾肥。在1叶1心至2叶1心期，每平方米撒施0.1%敌克松药液2.5千克，可以防止立枯病的发生为害。

(4) 晚稻旱育秧田管理。

①适当稀播。晚稻育秧期间气温高，应根据秧龄确定适宜的播种量，每亩秧田播种量以杂交稻25～30千克、常规稻50～60千克为宜。

②播后覆草。盖草可以防止暴雨将谷种打散、保持水分和防鸟害，现青后应该在傍晚揭去覆盖物，揭后洒足水，以防生理失水死苗。

③控制秧龄。选用早、中熟组合，若秧龄超过25天，要适当减少播量，并在1叶1心期再喷施一次多效唑或烯效唑。

(三) 软盘育秧技术

(1) 整地。苗床即摆放秧盘的秧田。由于秧苗2叶期后，秧根便可通过塑盘的底部小孔下扎到苗床中，因此要求床面平整、上紧下松、表土细碎、床土肥沃，铺上一层营养土（厚0.5厘米左右）或每平方米表土层适量施用壮秧剂（具体用量应根据产品说明书确定)。

①湿润苗床准备。苗床选择在排灌方便、土壤肥沃的稻田中，按常规湿润育秧方法将其耙烂耙平、开沟整板、整平推光、露干沉实，一般秧板宽以两片秧盘竖放的宽度为宜。摆盘前把沟泥上板再耥平一次，使床面糊烂便于秧盘与苗床接触紧密。摆盘时，应相互紧贴，不留缝隙，以减少种子和营养土的损失，防止秧田杂草从缝隙处长出影响秧苗生长。秧盘摆好后，将板秧沟泥或河泥装填于塑盘中，用扫帚扫平并清除盘面烂泥，以免出现秧苗串根现象而影响抛栽。

②旱育苗床准备。选择地势高、光照好、土质松软肥沃、杂草少、靠近水源的旱地或菜地作为苗床，按每亩大田需苗床8~10平方米做成宽1.3米左右的畦（两片紧放秧盘的宽度），畦与畦之间留40厘米宽的沟。旱育苗床的整地及培肥方法同旱育秧。摆盘前要将床面压平压实，最好铺一层泥土，以便于秧盘与苗床接触紧密。秧盘摆好后，将准备好的专用营养土或肥沃细土装填至塑盘中，先装填至塑盘孔高的2/3处，播种后再装填余下的1/3高度的营养土或细土。

（2）播种。抛秧稻的秧龄一般以5叶以内的中、小苗为佳，其秧龄一般掌握在20~30天。对于中、晚稻迟抛长秧龄大苗，应注意控制苗高，具体技术如下。

①减少播量（杂交稻每孔播1~2粒、常规稻2~3粒），避免因长秧龄而影响秧苗素质。

②控水。通过控水可有效控制苗高，使秧苗敦实粗壮。

③用15%多效唑配制成200毫克/千克的溶液浸种12小时，或在苗期用250~300毫克/千克的多效唑液喷施，均可有效防止秧苗徒长和控制苗高。播种前要进行选种、药剂浸种、催芽等过程，其具体技术与常规的处理技术相同，但要求芽谷以露白至芽长0.2厘米为好，否则会影响播种质量。塑盘湿润育秧的播种量以移栽前不出现死蘖现象为度。一般小、中苗（5叶内）的播种量为每片40~45克（常规稻）或30~35克（杂交稻），大苗（5叶以上）的播种量为每片30~35克（常规稻）或25~30克（杂交稻）。播种时应做到带称下田，精播匀播。

（3）秧田管理。塑盘湿润育秧的苗期管理技术与常规湿润育秧基本一致，如湿润炼苗、施“断奶肥”及“送嫁肥”、带药下田等，以免灌水或雨水淹浸床面，造成秧苗串根而影响抛秧；塑盘旱育秧的苗期管理技术与旱育秧技术相同。抛秧前2~3天施一次“起身肥”，并在抛秧前1天晚上浇一次水，以利于抛秧后立苗、返青。

（四）机插秧育秧技术

南方有条件的地区应采用工厂化育秧或大棚旱育秧，也可以采用稻田旱育秧或田间泥浆育秧。早稻需要保温育秧，晚稻育秧需要遮阳防雨（以防高温高湿秧苗徒长），以提高成秧率、培育壮秧。

（1）整地。选择排灌、运秧方便，便于管理的田块做秧田（或大棚苗床）。按照秧田与大田1∶（80～120）的比例备足秧田。选用适宜本地区及栽插季节的水稻育秧基质或床土育秧。育秧基质和旱育秧床土要求调酸、培肥和清毒。南方早稻育秧土要求pH值在4.5～6.0，不超过6.5；双季晚稻育秧床土的pH值可适当提高至5.5～7。有条件地区发展育秧基质育秧。

（2）播种。种子发芽率要求达90%以上，做好播前种子处理。根据机插秧时间确定播种时期，南方早稻选择冷空气结束气温变暖时播种，秧龄25～30天；双季晚稻根据早稻收获期及种植方式确定播期，秧龄15～20天。

①提倡用浸种催芽机集中浸种催芽，根据机械设备和种子发芽要求设置好温度等各项指标，催芽做到“快、齐、匀、壮”。

②育秧尽可能采用机械化精量播种。可选用育秧播种流水线或轨道式精量播种机械，有条件的地区提倡流水线播种。

③根据当地插秧机栽插行距选择相应规格秧盘，秧盘播种洒水必须达到秧盘的底土湿润，且表面无积水，盘底无滴水，播种覆土后能湿透床土。秧盘底土厚度一般2.2～2.5厘米，覆土厚度0.3～0.6厘米，要求覆土均匀、不露籽。

④播种量根据品种类型、季节和秧盘规格确定。南方双季常规稻播种量标准，宽行（30厘米行距）秧盘一般100～120克/盘，每亩30盘左右；杂交稻可根据品种生长特性适当减少

播种量；播种要求准确、均匀、不重不漏。

（3）秧田管理。水分管理要保证实现旱育，根据育秧方式做好苗期管理。南方早稻播种后即覆膜保温育秧并保持秧板湿润；根据气温变化掌握揭膜通风时间和揭膜程度，适时（一般2叶1心开始）揭膜炼壮苗；膜内温度保持在15~35℃，以防止烂秧和烧苗。加强苗期病虫害防治，尤其是立枯病和恶苗病的防治。双季晚稻播种后，搭建拱棚覆盖遮阳网或无纺布遮阳、防暴雨和雀害。出苗后及时揭遮阳网或无纺布，秧苗见绿后根据机插秧龄和品种喷施生长调节剂控制生长，一般用300毫克/千克多效唑溶液每亩配水30千克均匀喷施。移栽前3~4天，天晴灌半沟水蹲苗或放水炼苗。移栽前对秧苗喷施一次对口农药，做到带药栽插，以便有效控制大田返青活棵期的病虫害。提倡秧盘苗期施用颗粒杀虫剂，实现带药下田。

第四节　病虫草害识别与防治

水稻在秧田期间会诱发秧苗发生病虫害，应该抓住秧田面积小、用药少、成本低的有利阶段，及时做好水稻秧田病虫害的综合防治工作，确保育出来的秧苗健壮、病虫害轻、抗逆性好。

一、秧田病害

（一）烂秧及其原因

烂秧病是水稻种子、幼苗在秧田死亡的总称，各稻区均有发生，可以分为生理性烂秧和侵染性烂秧两种（图2-1、图2-2）。特别是早稻秧苗生长期间如遭遇持续低温、阴雨天气极易导致烂种烂秧。生理性烂秧发生的主要原因是低温阴雨持续时间较长，缺少阳光照射，秧苗光合能力下降，无法吸收充足养分，造成秧苗生长受阻，长势差。侵染性烂秧又可以分为立枯病和绵腐病。

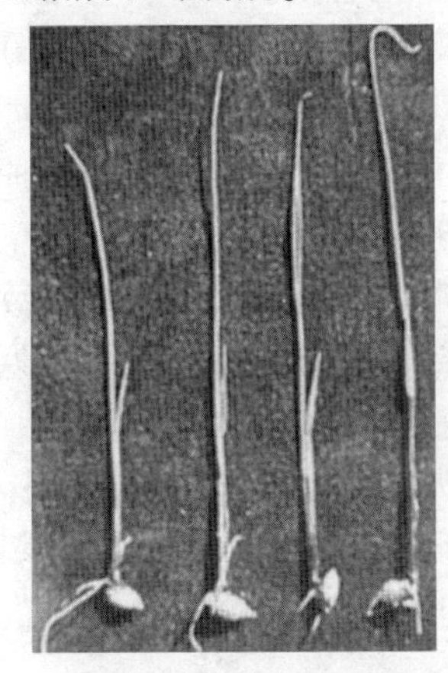

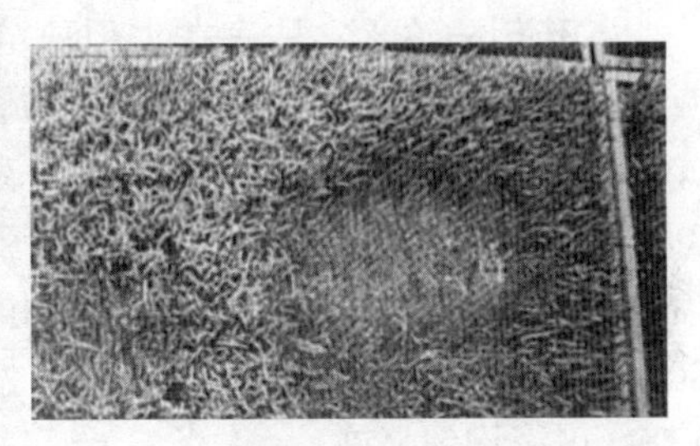

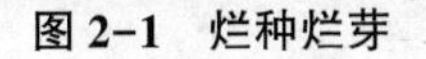

图 2-1　烂种烂芽　　　　**图 2-2　烂秧**

（1）发病症状。

①生理性烂秧。秧苗受害时叶片从叶尖开始褪绿失水，然后整株萎蔫腐烂，严重时整片秧田枯黄，成片枯死。

②立枯病。立枯病是水稻旱育秧最主要的病害之一，气候干冷或土壤干旱缺水时容易发生此病。旱育秧苗 2~3 叶期是立枯病流行的主要时期。秧苗受害时根基部干腐，然后整株呈黑褐色干枯，拔出易断，严重时成片枯死，病株基部多长有赤色霉状物。

③绵腐病。绵腐病是一种真菌性病害，多发生于 3 叶期前长期淹水的湿润秧田，秧苗幼芽长到 1.5 厘米长时最容易发生此病。受害秧苗先是在幼芽部位出现少量乳白色胶状物，随后长出白色绵絮状物，并向四周呈放射性状扩散，直至布满整粒种子。

（2）防治方法。要防止发生烂秧主要应掌握以下几点。

①因地制宜采用旱育稀植、塑盘育秧、温室育秧等新技术，优先选择地势较高而平坦、肥力中等的田块作为育秧田。

②精选成熟度好、纯度高、杂质少的种子。

③催芽要做到高温（36～38℃）露白、适温（28～32℃）催根、淋水长芽和低温炼苗。

④适期播种、科学管水，日平均气温在12℃以上才播种露地秧。加强肥水管理，适时盖膜揭膜，防冻保温。

⑤药剂防治，立枯病在水稻秧苗1～2叶期时，用65%敌克松可湿性粉剂600倍液进行预防，如处于发病期则用药为200～500倍液，每亩秧田用1.25千克药液喷雾；绵腐病在2～3叶期时以保温防寒为主，要浅水勤灌。一旦发现中心病株后，应及时施药防治。每亩秧田用25%甲霜灵可湿性粉剂800～1 000倍液或65%敌克松可湿性粉剂700倍液或硫酸铜1 000倍液均匀喷施。

（二）苗瘟病

苗瘟是稻瘟病的一种类型。稻瘟病是水稻重要病害之一，可造成大幅减产，严重时减产可达40%～50%，甚至颗粒无收，我国各水稻产区均有发生。根据为害时期和部位不同，稻瘟病分为苗瘟、叶瘟、节瘟、穗颈瘟和谷粒瘟。

（1）发病症状。秧苗3叶期前发病，由种子带菌引起，一般不形成明显病斑。发病时幼苗基部和芽鞘上先出现水渍状斑点，后病苗基部变黑褐色、上部呈黄褐色或淡红褐色，随后卷缩枯死。湿度较大时病部产生大量灰黑色霉层，严重时秧苗成片枯死。旱地育秧、半旱秧田，特别是用薄膜覆盖后提高了苗床的温湿度，易于苗瘟发生流行。

（2）防治方法。

①因地制宜选择抗病品种，搞好品种合理布局。

②做好种子消毒。用25%多菌灵可湿性粉剂500倍液浸种24～36小时；用线菌清15克，加水9千克，浸种6千克，浸种60小时，清水洗净后催芽播种，可兼治恶苗病和干尖线虫病；用强氯精浸种，稻种预浸12小时后用强氯精300～400倍

液浸种 12 小时，清水洗净后催芽播种。

（三）恶苗病

恶苗病属真菌病害，又称徒长病，各稻区均有发生。带菌种子和病稻草是水稻恶苗病发生的初侵染源，严重的可引起苗枯。死苗上会产生分生孢子，该孢子传播到健苗上会引起再侵染。一般来说，旱育秧较水育秧发病重、增施氮肥易刺激病害发展、常规品种发病较重。

（1）发病症状。病谷粒播后常不发芽或不能出土。秧苗期发病时，一般染病秧苗要比正常的秧苗细高、茎秆细长、叶片叶鞘细长、叶色淡黄、根系发育不良，部分病苗在移栽前即死亡。枯死苗上有淡红或白色霉粉状物，即病原菌的分生孢子。

（2）防治方法。

①建立无病留种田，选栽抗病品种。

②种子处理。用 50%福美双可湿性粉剂 1 500 倍液，或 50%多菌灵或 50%甲基托布津可湿性粉剂 1 000 倍液浸种 2~3 天，每天翻动 2~3 次。此外，还可以用 20%净种灵可湿性粉剂 200~400 倍液浸种 24 小时，或用 25%施保克乳油 3 000 倍液浸种 72 小时。

③清除菌源。要及时拔除病株，减少真菌再次侵染。

二、秧田虫害

稻蓟马生活周期短，发生代数多，世代重叠，多数以成虫在麦田、茭白及禾本科杂草等处越冬。7、8 月低温多雨，有利于此虫发生为害，秧苗期、分蘖期和幼穗分化期是稻蓟马的严重为害期。在田间秧苗露青时，大量成虫迁入秧田，随后在各类型秧田、本田辗转为害。特别是晚稻秧田极易受害。

（1）为害症状。苗期叶片受害后，初期叶面出现白色至黄褐色的小斑点，随后叶尖因失水而纵卷、尖枯，严重时会造成全叶失绿甚至是全面秧苗叶片失绿。

（2）防治方法。

①农业防治。清除秧田内外杂草，减少越冬虫源和稻蓟马早春繁殖的中间寄主，阻止蓟马转移为害。早插秧，培育壮秧，控制无效分蘖，增强水稻抗逆耐害能力。

②药剂防治。当秧田秧苗卷叶率达10%～15%时，及时进行药剂防治。每亩用40%毒死蜱乳油60毫升、50%杀螟松乳油60毫升、25%杀虫双水剂200毫升、20%三唑磷乳油100毫升、10%吡虫啉可湿性粉剂20克，对水50～60千克喷雾或10～20千克弥雾。

三、草害

稻田杂草种类多、发生面广、密度大，对水稻的为害严重。据调查，我国目前稻田杂草种类有60多种，被列为中国十大草害之中的稻田杂草有稗草、眼子菜和鸭舌草等。其中，传统水育秧田常见杂草有稗草、牛毛毡、节节菜、眼子菜等；旱育秧田常见杂草有稗草、狗尾草、马唐等。

旱育秧田化学除草技术：旱育秧田杂草发生量相对较大，水生、旱生杂草都有，选择除草剂时应该两者兼顾。

（一）播后苗前土壤处理

（1）每亩用60%丁草胺乳油75～120毫升，在盖土后覆膜前对水30千克均匀喷雾。但是丁草胺乳油对露籽易产生药害，催芽谷秧田不宜使用。

（2）每亩用36%丁恶乳油80～120毫升，或每亩用60%丁草胺乳油50毫升加12%恶草灵乳油50毫升，在盖土后覆膜前对水30千克均匀喷雾。注意：谷子不能暴露于土壤表面。

（二）苗后茎叶处理

（1）每亩用90%高杀草丹100毫升加10%苄嘧磺隆可湿

粉10~15克，在秧苗2~3叶期对水30~50千克进行均匀喷雾。

（2）每亩用17.2%哌苄（幼禾葆）可湿性粉剂180~220克，对水30~50千克，在揭膜后炼苗2~3天施药，可以采用手动喷雾器进行均匀喷雾处理。

（3）后期仍有莎草为害的秧田，可以在起秧前7天左右每亩用20%二甲四氯水剂200毫升左右对水喷雾。

第五节　培育壮秧与合理移栽

一、壮秧标准

壮秧的基本要求是秧苗移栽后发根快而多，返青早，抗逆性强，分蘖力强，易早生快发。壮秧标准可分为形态和生理两个方面。

在形态性状上，要求茎基宽扁，叶鞘短，叶耳间距小，无病虫害，形态整齐，长势壮而不徒长，根系发达。根据移栽苗龄大小可分3类：健壮小秧、健壮中秧、健壮大秧。

（1）健壮小秧。是指3叶期内移栽者，苗高8~12厘米，叶色鲜绿，叶宽而健壮、挺立，茎基宽2毫米以上，中胚轴很少伸长，根5~6条，色白短粗并有分枝根，移栽适龄为1.5~2.2叶，移栽时种子中应有少量胚乳残存。

（2）健壮中秧。是指3~4.5叶移栽者，苗高10~15厘米，叶色鲜绿，叶宽厚挺立，茎基宽3毫米以上，不定根10条以上，色白而粗，稀播时有少量分蘖。

（3）健壮大秧。是指4.5~6.5叶移栽者，苗高15~20厘米，茎基宽4毫米以上，叶片宽厚、刚劲、富有弹性，叶色绿中带黄，根系色白粗壮，无黑根现象。

在生理性状上，壮秧的光合能力强，干物质积累多，发根力强，生理抗逆性强，主要表现在干重高，充实度高（干重/株高），碳氮比适当，根冠比大。

壮秧常用的鉴别方法还有以下几个。

①翘起力法。即用大头针将秧苗茎基部固定在地面或桌面上，茎叶翘起快且高的为壮苗。

②萎蔫速度法。即同时取秧苗，观察其叶片萎蔫速度，卷曲慢的为壮苗。

③发根力法。即取秧苗剪去根系，植于砂培或水中，发出新根快而多的为壮苗。

二、壮秧技术

培育壮秧要着重抓住“留足秧田落谷稀，掌握秧龄适时播，精细管理促健壮”3个环节。虽然稀播种不是培育壮秧的唯一措施，但个体秧苗所占面积大，根群发育好，吸收养分充足。个体所占空间大，则受光条件好，光合作用就旺盛。因此，不论何种育苗方式，稀播种都是培育壮秧的关键。

（一）湿润育苗培育壮秧技术要点

早整地、早做床、水找平，使苗床上平下暄，通透性好，以利于根系生长。改良床土，增施腐熟农家肥和营养土。播种时床面宁干勿涝，防止白芽和坏种烂芽；播后要排净步道沟积水，注意保温，提高苗床温度。1叶1心（真叶）至2叶1心期防治立枯病，此时苗床温不能超过30℃，喷洒敌磺钠或福美双·甲霜灵或灌一次跑马水。2~3叶期要追施一次离乳肥。塑料薄膜保温湿润育苗放风降温时，放风口要由小到大，由少到多，并经常改变放风口位置，随秧苗生长逐渐降低床内温度。揭膜前要使床内温度与外界气温接近或相同。在水的管理上尽量减少灌水次数和缩短建立水层的时间。

（二）旱育苗培育壮秧技术要点

对于小棚保温旱育苗，覆盖塑料薄膜后，苗床内温度是外界温度的2~2.5倍。因此，当外界气温超过15℃时就应通风炼苗，否则会出现高温捂苗现象，致使地上部生长很快，而地下根部生长很慢，地上部与地下部生长失调；地上部叶又长又宽，蒸腾作用很强，地下根部所吸水量满足不了蒸腾作用之需，就会发生生理失水，导致立枯病和青枯病发生而死苗。发病后即使能挽救一些秧苗，却已成为弱苗，延误了移栽。特别是幼苗1叶1心以后，天气晴好而气温较低或伴随大风，不敢通风炼苗导致苗床内温度过高，造成秧苗徒长而更易发病。因此，无论阴天、下雨还是刮风，1叶1心以后都必须坚持通风炼苗。育苗先育根，低温炼苗，可促进根系生长，增强秧苗抵御极端温度的能力。但夜间要盖好盖严，防寒潮和霜冻为害秧苗。遇有霜冻预报，有条件的可往步道沟灌水保苗，天气晴好、温度较高时将水排出。水分管理上，只要播种前浇透底水，出苗前一般不再补水，出苗后应适时适量补水。当苗出齐并已全部青头时，要根据苗床水分情况浇一次水（不要灌水）。以后随秧苗生长，适当补水。旱育苗揭膜初期，先不要把农膜撤走，如有低温寒潮来袭，可以临时进行覆盖护苗，防止秧苗受损。待气温上升稳定时再撤掉农膜。

揭膜时，秧苗正处在3叶1心至4叶期，外界气温高、风大时，应加强秧田的肥水管理。

①水分管理。揭膜后因外界蒸发作用增大，秧苗蒸腾作用增强，苗床极易缺水，应注意及时补水。揭膜前3~5天浇一次水，揭后视缺水情况及时补水，一次补足。

②追肥管理。3叶期要追施一次氮肥，以后视苗情而定。如秧苗发黄，植株矮小、瘦弱，则应追肥。每次质量以每平方米50克硫酸铵为宜。因旱育苗不建立水层，以追施硫酸铵水溶液为好。每次追肥后都要用清水淋苗，洗去叶面上黏附的肥料，以防肥害伤苗。也可撒施，但要均匀，撒后要浇水。无论秧苗长势如何，插秧前3~4天要施一次送嫁肥，利于插后返

青，提早分蘖。

三、合理移栽

水稻移栽主要有机械插秧、人工插秧、抛秧和手摆秧等移栽方式。机械插秧分为两种：一种是手扶式半机械化插秧机插秧；二是自走式高速插秧机插秧。机械插秧效率高，手扶式半机械化插秧机比人工手插快 2~3 倍，高速插秧机比人工手插效率提高 20 倍以上。随着轻简农业的发展，水稻移栽的方式除插秧外，又推广了抛秧和乳苗抛栽等移栽方法，比手插秧提高效率 3~5 倍。

（一）机械插秧技术要点

机械插秧最好采用大棚集中旱育苗，并采用专用硬盘，插前田块要耙平。

（1）整地。整地质量是保证机插质量的基础。稻田整平有旱整平和水整平两种方法。旱整平因田间没有水，便于发挥机械效率，但不易整平；水整平是泡田后进行，高低差明显，易于耙碎整平，但带水作业，机械效率低，磨损大。先旱整后水整，水旱结合，易提高工效和整地质量，使稻田土壤达到平、碎、软、深的标准。旋耕和耙地次数不要过多。遇到大田过烂，不要急于机插，要沉实后再灌薄水进行机插。

（2）起秧、运秧和添秧。作为机插的重要工序，起秧、运秧和添秧配合得好，不仅可保证机插质量，还能提高单机作业率。重点是保持秧片完整和减轻秧苗植伤。起秧、运秧最好备有托盘和秧架，将秧片平摊在托盘中，再连盘装在分层的秧架上，运到田头。添秧操作时注意 4 个关键技术：一是装秧时应把秧箱移到一头，在分离针空取一次后装秧。装秧时，秧片要紧贴秧箱，不要在秧门处拱起，压秧杆应与秧片有 5~8 毫米间隙。二是装加秧片时，要让秧片自由滑下，必要时可在秧箱与秧片之间注水，增加润滑，不要用手推压秧片，以防秧片变形。三是当秧箱里的秧片插到露出送秧齿轮之前，就应及时加秧，在添加秧片时，接头处要对齐，不留空隙。当一盘秧片不能完全装入秧箱时，不要随意将秧片撕断，或让其挂在秧箱上，而应把装不进秧箱的部分秧片卷在秧箱里。四是休息或长时间停止插秧时，应将秧箱和秧门口剩余秧片取出，并清除泥块、杂草和绕在送秧齿轮上的秧根。

(3) 插秧。根据插秧机操作规程，每次作业前要认真检查机器，确定机器各部件正常方可投入作业。插秧机陆地运输速度为7~10 千米/小时。从田埂进入地块时，机体要向前倾斜，但应防止发动机栽入泥中，有液压装置的机器应将机体升至最大高度。插秧机进入开始位置后，将发动机熄火并开始上秧，带好备用秧。机插秧必须保证一定的插秧质量，每穴苗数应均匀，北方稻区常规稻 4~8 苗/穴，杂交稻 1~2 苗/穴，同时尽量减少伤秧、漏秧和漂秧。在合适的插秧工作条件下，均匀度合格率应在 70%以上，漏插率在 2%以下，钩伤率在 1.5%以下。插秧机既要保持一定的行、株距，又要依照各地要求进行调节。密植地区行、株距取 22.1 厘米×9.9 厘米或 19.8 厘米×13.2 厘米，东北地区由于采用旱育稀植一般可取 25.4 厘米×10 厘米或 30 厘米×13.3 厘米。插秧深度要合适，深浅一致，北方一般以 2~3 厘米为宜。

（二）抛秧的技术要点

抛秧有人工抛秧和机械抛秧之分。目前，传统的人工抛秧栽培方式已改为人工钵育摆栽方式，即在钵育基础上，人工下田随机均匀摆栽，每亩摆栽 1.3 万~1.5 万穴，秧苗田间配置呈无序但分布相对均匀的状态。钵育秧苗具备旱育秧的特点，发根力强，加之带土抛于大田，全根移动，不伤根，所以缓苗期很短，5~7 天可直立。因缓苗期短，抛秧稻生长前期具有较强的生长优势，分蘖能力强，发生早而多，低位蘖比例大。但若管理不当容易出现生长不均衡、抽穗不整齐、分蘖成穗率低的现象。大田按正常要求施肥后平整地面，泥浆均匀无结块，水层保持 1~2 厘米，田间不露泥，一般整地后需沉实数小时或隔夜再进行抛栽。抛栽时切忌深水抛秧，以防漂秧。抛秧的均匀度十分重要，一般分两次顺风抛下，第一次抛 2/3，其余 1/3 填补空穴。抛秧时应增加抛栽深度，使平躺秧苗的比例不大于 1/3。为利用并控制抛秧稻前期生长优势，宜适当减少基本苗，减少前期施肥（底肥和分蘖肥）比例，来减少无效分蘖，协调个体与群体关系的矛盾。抛秧稻的合理灌溉是防倒伏、获高产的重要措施。抛栽后 3~5 天内不宜灌水，以利秧苗扎根。立苗后宜浅水干干湿湿灌溉，以湿润为主，可增加土壤氧气，促进根系发育。田间够苗后，提前晒田，使根系向下生长，增加深层根的比例。

机械抛秧是近年来研究成功的一种水稻机械化栽植新技术，它是通过抛秧盘高速旋转而产生的离心力，将喂入的带土秧苗均匀抛入大田而完成秧苗栽植作业。该技术的主要优势是抛植速度快。机械抛秧对抛栽技术要求较高，主要技术要点如下。

（1）要控制抛秧球的湿度。适宜的球泥湿度，是机械抛秧成功的关键，湿度适宜，抛得出，抛得匀，工效高。若湿度过高，球泥易变形，泥粘转盘，抛不开，容易形成堆子苗，工效低，甚至不能机抛。若湿度过低，土壤呈沙性，则泥球易抛散，对立苗不利。一般以掌握在田间持水量的 60%~80% 为宜。

（2）要掌握好风向。抛秧机械行走的路线依风向决定，要始终与主风向平行，避免风力对抛秧均匀度的影响。

（3）机驾人员要保持抛秧机匀速前进，喂秧手应注意喂秧速度与机械行走速度相同，以便抛栽均匀。

（4）当风力超过 4 级或大暴雨来临时，应停止作业。若下小雨，可在秧箱中装秧后倒入麦壳与秧苗混合，避免泥球粘连。

（三）手插秧技术要点

坚持“四插四不插”的原则。所谓“四插”是指浅插、稀插、直插、匀插。所谓“四不插”是指不插脚窝秧、不插拳头秧、不插隔夜秧、不插窝脖秧。当然，各地还有很多要求，但主要是指这些。首先，最重要的是浅插，尤其北方早稻更应浅插。因为早春气温和土温低，泥面升温快，通气好，浅插后秧苗容易分蘖，有利于形成大穗，提高产量。若插得过深，分蘖节处于通气不良、营养条件差、温度低的深土层，返青分蘖会延迟，使秧苗不该伸长的节间不得不拉长，分蘖节位提高而形成“两段根”。这种现象不仅消耗养分多，而且分蘖节每提高一节，分蘖发生时间就会推迟5~7天。随着分蘖期的推迟，有效分蘖减少，穗小粒少，影响产量。其次，要插稳、插匀。稳即不漂苗，叶子不披在水中，根系舒展，不出现钩头秧；插匀能保证行株距均匀一致，每穴基本苗数均匀，也才能符合规定的密植要求。最后，四不插。插秧不能插在脚窝里，否则易形成“下窨秧”，一则易漂苗，再则妨碍发棵；而插拳头秧会因为苗眼大而易漂苗；插隔夜秧苗，夜间秧苗呼吸消耗了体内贮藏的养料，插后恢复生机慢，返青分蘖迟；插窝脖秧则会把秧苗窝成弯曲形，则根不能向下舒展，原来的根失去了作用而重发新根，成活慢，分蘖迟，不利于早生快发。

水稻插秧是标准化程度很高的工作。在根据不同土壤肥力和品种确定合理密度的基础上，提高插秧质量就成为获得高产的重要技术环节之一。提高插秧质量的主要措施有：提高整地质量，做到地平如镜，泥烂适中，上糊下松，田格规整，埂直如线，渠系配套，灌排畅通，搞好封闭灭草；在有水层条件下作业，带水插秧，浅水护秧；插秧时坚持做到“四插四不插”，行穴距一致，密度合理；以浅插为主，插牢、插匀，不漂苗，不缺苗断条；插后及时查田补苗。

第三章　分蘖拔节期生产管理

第一节　生育特点及水肥管理

一、分蘖生育特点及水肥管理

（一）生育特点

返青分蘖期是指秧苗从移栽返青到拔节前后的这段时间。秧苗移栽后由于根系受到损伤，需要5~7天时间地上部才能恢复生长，根系才萌发出新根，这段时期称返青期。水稻返青后开始发生分蘖，直到开始拔节时分蘖停止，一部分分蘖具有一定量的根系，以后能抽穗结实，称为有效分蘖；一部分分蘖产生较迟，以后不能抽穗结实或渐渐死亡，称为无效分蘖。分蘖前期产生有效分蘖，这一时期称有效分蘖期，而分蘖后期所产生的是无效分蘖，称无效分蘖期。

该时期生育特点是根系生长，分蘖增加，叶片增多，建立一定的营养器官，是决定穗数的关键时期。要促分蘖早生快发，增加有效蘖，控制无效蘖，到最高分蘖期能达到正常的“拔节黄”，为丰产打下基础。该时期的管理目标是力争早返青，尽量缩短返青期。促进分蘖早生快发，在有效分蘖临界叶龄期基本达到计划茎数，控制无效分蘖，及时转入幼穗分化。

（二）水肥管理

1. 重要意义

有效分蘖的质量和数量在产量形成中至关重要，分蘖的质量和数量与品种特性以及温度、光照和肥水管理密切相关。氮、磷充足时分蘖旺盛，不足时分蘖减少。浅插、浅水灌溉有利分蘖发生，深水或落干则抑制分蘖。因此，根据品种特性配合科学的肥水管理，可促使分蘖早生、快发，是提高产量的有效途径。

2. 提高分蘖成穗率的主要技术措施

（1）科学管水。秧苗栽入大田后，因起苗时根部受伤，吸水力弱，移栽后容易失去水分平衡而凋萎，所以应保持田水深3厘米左右，使田间形成一个比较合理的保温、保湿环境，促进新根发生，迅速返青活棵。返青后，秧苗进入分蘖期，为了促进早分蘖，争取低位分蘖，促进根系发育，使植株更健壮，要求浅水灌溉。浅灌可以提高水温、地温，增加茎基部光照和根际的氧气供应，加速土壤养分分解，为水稻分蘖创造良好的条件。此时如缺水干旱，会延迟分蘖，减少分蘖数。如果灌水太深，又会抑制分蘖。一般保持1.5~3厘米水层为宜。在有效分蘖末期，通常采用加深水层或排水晒田的方法抑制无效分蘖。晒田对土壤养分有先抑制、后促进的作用，对控制水稻群体长势、促进水稻营养生长向生殖生长转化、培育大穗多粒有较好作用。

（2）施好分蘖肥。为充分利用热量资源，促进分蘖早生快发，强调施用足够数量的氮肥、磷肥作基肥，并在此基础上适当施用分蘖肥。减少分蘖肥比例是北方稻区高产栽培发展的趋势。氮肥施用量增多之后，如仍沿用以往重施分蘖肥的方法，则极易引起无效分蘖率提高、植株生育过分繁茂、叶片披垂重叠遮阳等后果，而且叶片含氮量过高，还会阻碍以氮代谢为主向碳代谢为主的转移，有可能延长营养生长而推迟出穗期，都不利于增产。因此，分蘖肥的数量一般可占总施氮量的25%～35%。在严重缺磷土壤上或容易发生稻缩苗的田块，追施质量高的磷肥如磷酸二铵或重过磷酸钙有显著效果。在缺钾的水田，分蘖期每亩施用氯化钾或硫酸钾2.5～7.5千克，也有较好作用。

关于分蘖肥的施用日期，一般早栽的可在移栽后5～10天内进行，随着移栽时期的推迟，分蘖肥施用日期应相应缩短。对分蘖肥的施用不均或补苗部分生长较差的地块，还可重点施用调整肥。调整肥不宜过大，一般每亩不超过5千克标氮（硫酸铵）。施肥后，田间要保有水层，不能排水，自然落干后灌水。此外，雨天及上午露水未干时不要施肥，以免叶片粘上化肥，烧坏稻苗。

二、拔节期生育特点及水肥管理

（一）生育特点

拔节孕穗期是生殖生长开始的时期，即穗分化开始的时期（通常称为长穗期），也是营养生长与生殖生长并进期。一方面，根、茎、叶继续生长，同时也进行以幼穗分化和形成为中心的生殖生长，是决定穗大、粒多的关键时期。此期还是水稻一生中干物质积累最多的时期，需肥水最多，对外界环境条件最敏感。拔节孕穗期水稻补偿能力下降，是防治病虫、保护产量的关键时期。该时期的管理目标是稻株稳健生长，促进株壮蘖壮，提高成穗率；促进幼穗分化，争取穗大、粒多。

（二）水肥管理

1. 重要意义

水稻拔节的标准是茎秆基部第一个伸长节间长度达到1厘米（早稻）或2厘米（晚稻），且由扁变圆。当全田有80%的植株开始拔节时，即称拔节期。水稻节间伸长，是自下而上逐个进行的。早熟品种伸长节间一般3~4个，中熟品种5~6个，晚熟品种7~8个。北方粳稻多为4~6个伸长节间。拔节期是水稻栽培管理上承前启后的重要时期，在拔节前后进行肥水调控，是实现水稻稳步生长的有效措施。拔节期肥水调控重要作用有：促进根系向纵深方向发展，白根和黄根数量增加；抑制后生分蘖发生，加速弱小分蘖死亡，提高成穗率；促使基部节间缩短增粗，机械组织加厚，提高植株抗倒伏能力；避免叶片过分伸长，改善中期群体结构；抑制稻株蛋白质合成，促进同化产物在茎鞘中的积累，为后期产量形成做好物质储备。

2. 水肥管理

（1）水分管理。拔节孕穗期是水稻一生中生长最快和需水最多的时期，也是耐旱、耐寒最弱的时期。此时缺水，幼穗分化就会受影响，造成穗短小、粒少、空瘪粒多。因此要适当加深水层，一般可以保持6~8厘米。若此时温度低于18℃，有必要把水层加深到15~20厘米，通过深水来保护发育中的幼穗，预防障碍型冷害发生。低温过后应立即恢复6~8厘米水层。抽穗期3~5天，稻穗的各部器官发育完成时，要及时排水晒田，晒到田面不裂纹、稻穗褪青转黄为宜。

（2）施肥管理。穗肥最好分两次进行。第一次穗肥的适期为抽穗前20天左右，若中期长势好的地块，应适当延迟施穗肥时期，以出穗前15天左右为宜，第一次一般每亩施硫酸铵8~10千克，同时施适量钾肥，每亩可用磷酸二氢钾1 000倍液50~70千克进行根外追肥。这次肥不宜施得过量和过晚。生育正常的水稻，到出穗前4~5天叶色暂时“落黄”，如果看不到“落黄”则意味着第一次穗肥过量，宜在第二次减少施肥量。此外，土壤肥力高，生育中期长势过猛的田块不施第一次穗肥或减量施用为好。第二次施肥的适期是水稻进入孕穗期，抽穗前5~10天叶色变黄时，亩施硫酸铵5千克。施用第一次穗肥之后，叶色一直不减退时，可以不施第二次穗肥。施肥时堵好上水口，均匀撒施，4~5 天后转为正常管理。

第二节　病虫草害识别与防治

一、分蘖病虫草害综合防治

（一）病虫草害防治方法

北方粳稻返青分蘖期常见病害有稻瘟病、条纹叶枯病、细菌性褐斑病等；害虫主要有二化螟、稻负泥虫、稻水象甲等。

1. 常见病害防治方法

（1）稻瘟病。本田植株叶片上发生的稻瘟病为叶瘟，主要发生在分蘖期以后，一般从下部叶片开始发病。病斑的形状、色泽和大小因气候条件、水稻品种的感病程度分为急性型、慢性型、白点型和褐点型（图 3–1）。

①急性型病斑。病斑暗绿色，发展快，由微细点状迅速扩展成近圆形或不规则形病斑，病斑中心灰白色，外缘呈水渍状，正反两面密生灰绿色霉层。出现急性型病斑是稻瘟病流行的预兆。

②慢性型病斑。田间最为常见，典型病斑为梭形，病斑中心为灰白色崩溃部，稍外为褐色坏死部，最外层是黄色晕圈。潮湿时病斑背面产生灰绿色霉层。

③白点型病斑。病斑为白色圆形小斑，不产生霉层。多在土壤十分干燥时的嫩叶上发生，条件适宜时能迅速转变为急性型病斑。

④褐点型病斑。病斑为褐色小点，多局限在叶脉间，病斑中央为褐色坏死部，周围包着黄色受害部，病斑不产生霉层，多发生在抗病品种或稻株下部老叶上。

叶瘟应着重在发病初期防治，重点查长势繁茂的地块。若发现中心病株要立即打药封锁。田间大面积发病初期应用药剂防治。每亩可用20%三环唑可湿性粉剂1 000倍液或40%稻瘟灵乳油1 000倍液均匀喷雾。

（2）条纹叶枯病。条纹叶枯病是由灰飞虱传播的一种病毒病，具有暴发性、间歇性、迁移性等特点，病毒一旦侵入就会立即在植株体内蔓延，常导致植株死亡。水稻从苗期至孕穗期都可感病，其中，以苗期至分蘖期最宜感病。早期发病株先在心叶（苗期）或下一叶（分蘖期）基部出现与叶脉平行的不规则褪绿条斑或黄白色条纹（图3-2）。感病品种心叶死亡，呈枯心。苗期发病，常常导致秧苗枯死。分蘖期发病，病株分蘖减少，重病株多数整株死亡，病穗畸形或不实。

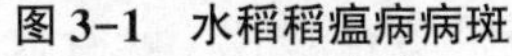

图 3-1　水稻稻瘟病病斑

图 3-2　水稻条纹叶枯病早期症状

条纹叶枯病防治策略是“治虫防病”，采取切断毒源、治秧田保大田、治前期保后期的防治手段。

①农业防治。推广抗、耐病品种；适当推迟播种播栽期；推广小苗抛栽、机械插秧等轻型栽培措施；避免偏施氮肥。

②化学防治。重点抓好3个阶段防治：一是防治麦田等毒源地的灰飞虱，降低迁入秧田和大田虫口基数；二是狠治秧田灰飞虱，在灰飞虱进入秧田高峰期用药防治；三是适期防治大

田灰飞虱，在灰飞虱卵孵化高峰期用药防治。防治灰飞虱时要尽量做到统一、集中、连片，保证防治效果，减少传毒媒介。防治适期。秧田和本田初期是灰飞虱传毒为害的主要时期，秧田成虫防治应掌握灰飞虱进入秧田高峰期，迅速开展防治；对若虫防治，应掌握在卵孵化高峰至低龄若虫高峰期进行。农药选择。坚持速效药剂与长效药剂相结合，尤其是秧田成虫防治，使用异丙威、敌敌畏等速效性较好的药剂与吡虫啉、氟虫腈等长效药剂相结合，提高防治效果。要注意药剂交替使用，延缓灰飞虱对吡虫啉、氟虫腈等药剂产生抗药性。具体防治可每亩选用10%吡虫啉可湿性粉剂40~60克或5%氟虫腈悬浮剂30~50毫升或20%异丙威（叶蝉散）乳油150~200毫升或80%敌敌畏乳油200~250毫升。补救措施。分蘖前期发病严重的田块，采用拔除病株（丛）补栽健丛的应急补救措施，能收到较好的减轻发病和减少损失的效果。

2. 常见害虫防治方法

（1）二化螟。水稻不同生育时期发生二化螟为害，症状表现是不同的，返青分蘖期受害，出现枯心苗和枯鞘。二化螟在北方稻区1年发生2~3代，以幼虫在稻茬和稻草内越冬，越冬幼虫于5月上旬化蛹，5月下旬羽化，成虫产卵于叶片或叶鞘上，6月中旬可见第1代幼虫蛀食叶鞘，造成枯鞘，如果此时稻田水层较深，初孵幼虫先少量啃食叶片，蛀食叶片中脉，7月上旬出现枯心。幼虫可转株为害，老熟后在茎秆或叶鞘内化蛹，第2代幼虫8月上旬、部分第3代幼虫9月上旬开始为害水稻叶鞘和茎秆，造成白穗。第2代和第3代幼虫有明显的群集性。

防治二化螟应掌握防治指标，少量幼虫为害一般不影响水稻产量，尤其是第1代二化螟幼虫为害时正值水稻分蘖，所为害的分蘖可由继续发生的分蘖补偿。一般以枯鞘率作标志进行防治决策。通常一代枯鞘率达3%以上时应进行药剂防治，每亩用18%杀虫双水剂250～300毫升或90%杀虫单可溶粉剂45～60克或20%氯虫苯甲酰胺悬乳剂5～10毫升或40%氯虫·噻虫嗪水分散粒剂8克，对水喷雾；也可用18%杀虫双撒滴剂250～300毫升甩施。施药后保水5～7天，插秧早、虫害重地块应隔7～10天再施药1次。

（2）稻负泥虫。主要为害移栽后的水稻秧苗。成虫、幼虫均取食叶肉，留下叶脉和一层透明的表皮。被害叶上形成许多白色条斑，严重时全叶发白，焦枯或整株死亡。被害秧苗即使能复活，后期生长和产量也会受到影响。稻负泥虫在北方稻区1年发生1代，以成虫在田边、路边等杂草间、浅土层内越冬，常几十头聚集在一起。5月上旬，越冬成虫开始取食杂草。6月中下旬转移至稻田为害并产卵。7月上旬是幼虫发生高峰期，为害水稻。

农业防治一般是冬春结合积肥，铲除路边、沟塘边等处的杂草，消灭越冬成虫。适时插秧，可避开稻负泥虫为害。化学防治可用50%杀螟硫磷乳油、50%二嗪磷乳油、90%敌百虫原药、50%辛硫磷乳油、25%喹硫磷乳油等，每亩用药量一般为100毫升或100克左右，在幼虫盛发期喷雾。

（3）稻水象甲。稻水象甲是完全变态害虫，一生经过卵、幼虫、蛹和成虫4个虫期，主要取食水稻和禾本科、莎草科杂草，寄主范围广泛。成虫沿水稻叶脉啃食叶肉或幼苗叶鞘，一般从正面取食，被取食的叶片仅存透明的表皮，在叶片上形成白色长条斑，严重时全田叶片变白。幼虫蛀食稻根，引起断根，导致植株对营养物质吸收能力降低，易发生倒伏。

主要农业防治措施如下。

①调整水稻播种期，合理安排水稻品种布局，造成不利于稻水象甲生存、利于水稻生长的环境，从而达到抑制害虫为害的目的。在同一地区内，水稻品种越单纯，栽培时期越一致，为害越轻，反之越重。

②合理施肥可压低稻水象甲种群密度，减轻水稻受害。施氮肥多的稻田幼虫量大，水稻被害严重。

③秋翻晒垡。水稻收割后至土壤封冻前对稻田进行翻耕或耕耙，把土壤表层和稻茬中的成虫翻耕至土壤深层，可大大压低其越冬存活率。研究表明，秋翻稻田中成虫越冬死亡率在75%以上，未翻耕稻田中成虫越冬死亡率仅为5%左右。

④烧掉田埂上的杂草可降低越冬成虫的种群数量。此外，物理防治主要是利用第1代稻水象甲成虫强趋光性的特性，在稻田附近架设诱集灯，然后集而杀之，达到压低成虫越冬基数的目的。

3. 常见杂草防治方法

移栽田的稻根入土有一定深度，抗药性强。但其生育时期较秧田长，气温适宜，杂草种类也较多，且交替发生。因此，施用除草剂的种类和适期也不同。以种子繁殖的一年生杂草因水隔层，在1厘米以内表土层中的种子才能获得足够氧气而萌发。一般这类杂草在水稻移栽后3~5天萌发（稗草先萌发），1~2周内达到萌发高峰期（图3-3）。而以根茎繁殖的多年生杂草，由于根茎分布较深，有的可达10厘米以上，因此，出土高峰多在移栽后的2~3周。

根据各种移栽稻田杂草的发生特点，化学防除策略是狠抓前期，控制中后期。通常是在移栽前或移栽后的初期采取毒土处理，以及在移栽中后期采取毒土处理或喷雾处理。前期（移栽前至移栽后10天）以防治稗草及一年生阔叶杂草和莎草科杂草为主。中后期（移栽后10~25天）则以防治扁秆藨草、眼子菜等多年生莎草科杂草和阔叶杂草为主。具体施药时期和方式分为移栽前封闭、移栽后前期毒土处理和移栽后中期毒土或喷雾处理3个时期。在水稻本田施用的除草剂，除要求必须撤干水层直接喷洒到茎叶上的几种除草剂外，其他的除草剂都应在保水的条件下进行，且应保持水层5~7天，缺水

图 3-3　稗草

时应补灌至适当深度。

（1）每亩用 60%丁草胺乳油 100 毫升，插秧 3 天前水封闭或插秧 5 天后毒土（肥）法施用。主要除治稗草等禾本科杂草，对部分阔叶杂草也有效。该药药效受温度影响小，对水稻较为安全，成本低，多年来均一直广泛应用于各类稻田中。

（2）每亩用 10%苄嘧磺隆可湿性粉剂 25 克或 10%吡嘧磺隆可湿性粉剂 15～20 克，插秧前或插秧后用喷雾器摘掉喷杆喷施、撒毒土或毒肥均可。主要除治各种莎草和各种阔叶水生杂草，成本低。在水生阔叶杂草和莎草发生田，多年来一直与丁草胺配合使用。两者药效受温度影响较大，插秧后用药效果好。

（3）每亩用 45%三苯基乙酸锡可湿性粉剂 40～45 克，见水绵后用喷雾器摘掉喷杆喷施或撒毒土均可。专门用于除治水绵，对水稻安全，可在水稻插秧后的缓秧和分蘖期施用，但成本较高。

（二）田间病害预测及综合防治措施

从水稻分蘖盛期开始每5天进行一次田间调查，发现病株后及时发出预报，指导防治。有些病害在田间发生很不均匀，要多点检查，并注意调查田块四周的稻株。预测田调查采用每块田按对角线上定两点，每点直线查25丛，共查50丛；大田普查采用每块田平行20点取样，每点10丛，共200丛，计算病丛率。

根据病害发生规律，合理运用农业综合防控措施，以改善水稻生态环境，减少菌源，控制为害。选用抗病性强且高产的品种用于水稻生产。从植株形态结构考虑，种植一些高秆窄叶品种，使田间增加通风透光，降低稻丛间湿度，可起到避病作用；也可根据当地气候条件，选择适宜晚熟品种，利用生育期不同，避开感病时期，降低为害。进行秋翻秋耕，把散落在地表的菌源深埋土中，可减少侵染来源；加强栽培管理，根据水稻品种特性，合理稀植，改善群体环境，降低田间湿度，根据生育期和气候情况，进行合理浅湿灌溉，以水控病，分蘖末期适时排水晒田，促进稻株健壮生长，增强抗病能力；在施肥上注意氮、磷、钾配合施用，农家肥与化肥、长效肥与速效肥相结合。

二、拔节期病虫草害防治方法

水稻进入拔节孕穗期，植株生长旺盛，田间群体迅速增长、湿度大、气温高，有利于水稻多种病虫发生发展。此期水稻补偿能力下降，防治病虫，保护产量已进入关键时期。

1. 常见病害防治方法

（1）稻瘟病。水稻拔节孕穗期是叶瘟发病盛期，应及时喷施药剂防治。可在倒2叶露尖到长出一半时，每亩用25%咪鲜胺乳油75~100毫升或2%春雷霉素水剂80~100毫升，对水

5 升茎叶喷雾。进行科学施肥，合理灌溉，有利于防止稻瘟病发生。

(2) 纹枯病。纹枯病是影响水稻生产的三大主要病害之一，在水稻生育中后期较易发生（纹枯病发病需要的温度高，北方稻区前期不会发生）。目前，尚未发现对纹枯病有抗性的水稻品种，防治纹枯病主要靠化学防治，较为理想的药剂为井冈霉素。在发病初期，每亩选用 5%井冈霉素水剂 150~250 毫升或 20%井冈霉素粉剂 50 克，对水喷雾，一般隔 10 天左右再喷 1 次，连续施药 2~3 次。

(3) 条纹叶枯病。条纹叶枯病是一种病毒性病害，在水稻秧田苗期极少表现症状，一般在水稻分蘖期始见发病，在孕穗初期和齐穗期出现两个发病盛期。防治条纹叶枯病主要靠选育和推广抗病的水稻品种。适当推迟水稻播种和插秧期，其发病程度也可明显减轻。对条纹叶枯病至今尚无特效防治药剂，在种植感病品种的稻田，用药预防这一病害需狠治其传毒媒介灰飞虱。防治灰飞虱较好的药剂有吡蚜酮、敌敌畏和毒死蜱等，吡蚜酮与敌敌畏或毒死蜱混合施用效果更好，药量为每亩用 25%吡蚜酮可湿性粉剂 20~30 克、80%敌敌畏乳油 100~150 毫升或 48%毒死蜱乳油 100~150 毫升。

2. 常见害虫防治方法

(1) 二化螟。在北方稻区 1 年发生 2~3 代，以幼虫在稻茬和稻草内越冬，越冬幼虫于 5 月上旬化蛹，5 月下旬羽化，成虫产卵于叶片或叶鞘上，6 月中旬可见第 1 代幼虫蛀食叶鞘，造成枯鞘，如果此时稻田水层较深，初孵幼虫先少量啃食叶片，蛀食叶片中脉，7 月上旬植株出现枯心。幼虫可转株为害，老熟后在茎秆或叶鞘内化蛹，第 2 代幼虫 8 月上旬、部分第 3 代幼虫 9 月上旬始为害水稻叶鞘和茎秆，造成白穗。第 2 代和第 3 代幼虫有明显的群集性。孕穗期至抽穗期受害，出现枯孕穗和白穗。

防治二化螟应掌握防治指标，少量幼虫为害一般不影响水稻产量，尤其是一代二化螟为害时正值水稻分蘖，所为害的分蘖可由继续发生的分蘖补偿。一般以枯鞘率作标志进行防治决策。通常一代枯鞘率达3%以上时进行药剂防治。防治一代二化螟在6月中下旬见幼虫枯鞘时，每亩用18%杀虫双水剂250~300毫升或90%杀虫单可溶粉剂45~60克或20%氯虫苯甲酰胺悬乳剂5~10毫升或40%氯虫·噻虫嗪水分散粒剂8克，对水喷雾。防治二化螟还得看稻田天敌情况，寄生二化螟的天敌有很多，主要有寄生卵的赤眼蜂，寄生幼虫的绒茧蜂及捕食性天敌蜘蛛等。当天敌数量较大时，可适当放宽防治指标。

（2）稻飞虱。为害水稻的飞虱有灰飞虱、白背飞虱和褐飞虱3种。稻飞虱对水稻为害有4个方面：刺吸汁液、产卵刺痕、分泌蜜露滋生霉菌、传播病毒病。灰飞虱在当地越冬，取食水稻幼嫩部位，可传播条纹叶枯病和黑条矮缩病，灰飞虱直接为害不大，但在水稻抽穗后其分泌的蜜露可滋生霉菌，影响稻谷或稻种的品质，该虫抗药性很强。白背飞虱和褐飞虱虫源来自南方，为偶发性害虫，直接为害较大。在北方白背飞虱于8月、褐飞虱于9月为害水稻。

白背飞虱和褐飞虱防治指标为每丛稻飞虱10头。每亩可用25%吡蚜酮可湿性粉剂20~30克，对水喷施。在稻飞虱暴发期，可用吡蚜酮与敌敌畏、毒死蜱或醚菊酯等药剂按常用药量混合施用，能迅速彻底扑灭虫情。

（3）稻纵卷叶螟。稻纵卷叶螟在北方稻区1年发生2~3代，虫源主要来自南方，7月上中旬初次迁入，7月下旬出现成虫高峰。8月上中旬再次迁入，田间出现卷叶。8月中旬至9月上旬对水稻为害最重。稻纵卷叶螟幼虫吐丝将叶片纵卷成管状，啃食叶肉，被害叶片只留下一层皮。受害严重的田块呈现一片枯白，甚至抽不出穗来，造成水稻减产。防治该虫一般采用农业防治、生物防治和药剂防治相结合的方法。

农业防治包括选用抗虫良种，加强肥水管理，防止水稻前期猛发徒长和后期贪青晚熟。生物防治主要是利用稻纵卷叶螟在自然界的天敌，如赤眼蜂等。有条件的地方可在成虫产卵盛期释放赤眼蜂，卵寄生率一般可达70%以上。该虫抗药性较强，加之在北方稻区不是常发性害虫，一般年份不需施药防治，而在其发生的年份发现其发生时，已卷叶隐藏为害，一般药剂防效不佳。有效的防治药剂及施用方法为：在8月下旬，每亩可用40%氯虫·噻虫嗪（福戈）水分散粒剂8克或50%吡虫·杀虫单（螟王星）可湿性粉剂60克或1%甲氨基阿维菌素苯甲酸盐微乳剂40~80毫升，对水喷雾。

3. 杂草防治方法

拔节孕穗期正是拔除杂草、杂稻的有利时机，杂稻一般叶片细长、叶色偏淡、株高略高；杂草草龄偏大，药剂防除效果差，对田间杂草、杂稻及早进行人工拔除，以减轻危害。也可每亩用25%五氟磺草胺悬浮剂40~60毫升对水喷雾。25%五氟磺草胺悬浮剂是一种见草就喷、不伤水稻的安全高效除草剂，只要确保稻田杂草至少有一半露出水面并能接触吸收药液就能保证除草效果，而不需要对稻田排水和再灌水。

第三节　稻田诊断与减灾栽培

一、分蘖稻田诊断与减灾栽培

（一）稻田诊断

温度是影响北方水稻生长最主要的因素。水稻移栽后，常常处于气温低、水温低、地温低的“三低”条件下，低温冷害是常见灾害之一。由于近年来气温的不稳定，寒冷稻作区水稻冷害发生的频率也逐渐增加。重视低温冷害，掌握水稻冷害的避灾减灾技术，有助于在逆境条件下实现水稻的稳产高产。苗期为水稻延迟型冷害发生的关键期，此期水稻的耐寒性直接影响根茎叶的生长、分蘖的多少及早晚、幼穗分化期的早晚、抽穗期的早晚以及最终的产量。水稻分蘖发生的最适气温为30~32℃，最适水温为32~34℃。气温低于20℃、水温低于22℃，分蘖缓慢；气温低于16℃、水温低于17℃，分蘖停止发生。苗期和分蘖期可参考临界温度来进行诊断，通常苗期的临界下限温度为日平均13℃，分蘖期的临界下限温度为日平均16~18℃。如果该时段内满足不了上述指标要求，可认为是发生了冷害。研究结果表明，苗期和分蘖期的平均温度与抽穗期迟早关系密切，可用以诊断延迟型冷害发生的程度。其中6月的温度指标与抽穗期有如下关系：6月有效积温每减少10℃，抽穗期会相应延迟1.2天；平均气温每降低1℃，抽穗期延迟3.4天；平均最低气温降低1℃，抽穗期延迟5.1天。

为防止返青分蘖期冷害的发生，除选用耐冷性强的品种外，一是要提高水温和地温。水稻生育前期主要是受水温影响。试验证明，设晒水池，加宽和延长水路，加宽垫高进水口及采用回灌等措施，均可使白天田间水温和地温升高，对促进水稻前期生长发育有良好效果。二是增施磷肥，控制氮肥施用量。磷能提高植株体内可溶性糖的含量，从而提高抗寒能力。同时，磷还有促进早熟的作用。因此，磷肥应作基肥一次施入到根系密集的土层中，便于水稻吸收，并可防御低温冷害。在冷害年份，通常将氮肥总量减少20%~30%。因为在寒冷稻区的冷害年，水稻幼穗分化始期处于最高分蘖期之前，这时施用氮肥，会增加后期分蘖，延迟生长发育，使抽穗开花期延迟且参差不齐，降低结实率和千粒重，造成减产。

(二) 减灾栽培

1. 看苗灌水

水稻插秧后的灌水，要以促进返青为原则。水稻返青期对水分特别敏感，因秧苗移栽时根系受伤，吸收能力降低，容易失去水分平衡，因此，插秧后如缺水，秧苗返青缓慢或延迟甚至造成死苗现象。在一般情况下，大苗移栽田，插秧后可适当加深水层，达苗高的1/2左右为宜，以减少叶面蒸腾。经2~3天后，把田内的水放浅到3厘米左右，以提高地温，促进根系发育，加速返青和早分蘖。对小苗移栽田，应适当浅灌水达3厘米左右即可，保持水层为苗高的1/2左右为宜。如果田面不平，可使低处保持水层3厘米左右，高处保持湿润即可，随着秧苗的生长，全田可保持浅水层。在冷水灌溉地区，采用晒水池、延长水路灌溉等方法，以提高地温，促进幼苗快返青、早分蘖。同时，做好排水工作，对容易出现积水的水稻田，特别是排水不畅的低洼田块，应立即组织开沟排水，尽快解除稻根积水嫌气，保持浅水促蘖，达到增气养根，早生快发。

2. 适时追返青肥

一般当水稻插秧后2~3天，新根伸长4~8厘米时，及时追1次返青肥，可促进新叶快出生、早分蘖，使秧苗健壮。这次肥应以氮肥为主，一般每公顷可追尿素50千克，或硝酸铵70千克。追肥时要保持浅水层3厘米左右为宜。

3. 施好平衡肥

据田间苗情调查，有效分蘖数会出现不足现象。针对秧苗素质较差以及部分迟插田、迟发田等应立即补追一次蘖肥，一般亩用3~5千克尿素。

因施用氮肥过多，而导致叶片过长、叶色过浓、生育转换前叶色不褪，应提早进行晾田或晒田。当水稻分蘖达到预计产要求的分蘖数量时，要排水晒田。晒田对土壤养分有先抑制、后促进的作用，对控制水稻群体、促进水稻营养生长向生殖生长转化、培育大穗多粒有较好的作用。晒田一般掌握胶泥田、低洼田、过肥田重晒，沙质田、瘦田轻晒。一般晒到田面开小裂、脚踏不下陷、叶色褪淡、叶片直立为止，这样可控制无效分蘖的产生，增强抗倒伏和抗病虫害的能力。生育延迟往往是由于苗弱、植伤、插秧过深、低温、药害、虫害等多种原因造成的。除了采取综合措施提前预防以外，此期要注意及时灌护苗水和井水增温。因药害等原因造成的生育延迟，应换水，施生物肥，并喷施天然芸薹素等，可解药害，注意及时防治病虫草害。生育不足主要表现为植株矮小、叶色浅淡、茎数不足、生长量不足。原因是耕层过浅，土壤漏水，水温低，地温低，氮、磷、钾缺乏或病、虫、草、药害所造成。要分析原因，采取针对性措施，同时注意井水增温浅灌，防渗漏。如在前期氮肥已足量施用的情况下，因低温影响，不可增氮促长。

二、拔节期稻田诊断与减灾栽培

（一）稻田诊断

水稻拔节孕穗期至抽穗开花期是低温影响产量的关键时期，其中，花粉母细胞减数分裂期遇日平均气温低于15℃，花器分化就会受到破坏，导致不育；子房在16℃以下发育即受影响。且低温常伴随阴雨、寡照，对处于生殖生长重要时期的穗器官、植株性状及叶片功能等均会造成严重危害。水稻障碍型冷害的最大敏感期，通常是在花粉母细胞减数分裂期。准确掌握这一时期，对诊断和防御冷害有重要意义。生产上比较适用的办法是以叶耳间距为指标来判断这一时期。一般认为剑叶与下一叶的叶耳间距为-4～2厘米时，为花粉母细胞减数分裂期。

（二）减灾栽培

1. 肥水调控

拔节孕穗期是稳穗数、增粒数、夺高产的关键时期，也是运用肥料开展栽培调控的最后机会。因此，适时、适量、合理施好穗肥有至关重要的作用，应以氮肥为主，配施少量磷、钾肥。适时追施一定数量的速效性肥，有助于巩固前期有效分蘖，减少和防止颖花退化，促使稻穗良好发育。一般每亩施尿素3~4千克加磷、钾肥2~3千克，或施用复合肥5~8千克；在抽穗前15~18天（6月下旬至7月上旬）施用，穗肥施用的总体原则是坚持“五看”：一看叶色。叶色不褪不施肥，早褪早施，迟褪迟施；早晨叶不挂露水，中午叶片挺直，叶色淡黄的要施。二看群体。群体大迟施轻施，群体小早施重施。三看生育进程。生育进程快早施，生育进程慢迟施。四看品种。耐肥型品种重施，反之轻施。五看天气。阴雨天不施，晴天抢施，天气高温耗肥大，宜重施。施肥前，田水保持3~5厘米深，堵好上下水口。

2. 防止低温冷害

（1）选择抗逆品种。选用耐障碍型冷害性强的早熟、优质、稳产的水稻品种，实行计划栽培，确定安全齐穗期。计划栽培就是按当地的热量条件选定栽培品种，并根据品种全生育期所需积温合理安排安全播种期、安全抽穗期和安全成熟期等适宜时期，使水稻生长发育的各个阶段，均能在充分利用本地热量资源的条件下完成。水稻花粉母细胞减数分裂期后的小孢子形成初期，对低温极为敏感，必须保证气温稳定在17℃以上。此外，为了给水稻成熟留有充足时间（40~45天），必须限定一个安全的齐穗期。

（2）减数分裂期灌深水护胎。防御障碍型冷害造成的水稻不育，当前唯一有效的办法是在障碍型冷害敏感期进行深水灌溉。发生冷害的危险期幼穗所处位置一般距地表 15 厘米，灌深水 15~20 厘米基本可防御障碍型冷害。

（3）控制氮肥用量。低温年份少施氮肥可以减轻冷害发生，高温年份增施氮肥可以获得增产，要根据当年的气象条件决定施肥量的多少。

（4）多施有机肥。由于有机肥营养全，能有效地维持水稻体内氮素营养的平衡，可减少障碍型冷害的发生。

第四章　抽穗扬花期生产管理

水稻抽穗扬花期是水稻生长的关键环节，水稻抽穗扬花期的管理直接影响到水稻的质量和产量，所以加强水稻抽穗扬花期的管理工作至关重要。

第一节　生育特点及水肥管理

一、生育特点

水稻进入抽穗扬花期，叶片生长停止，颖花发育完成，茎秆伸长到最高度，生长中心由前一段的穗分化转为穗粒生长，是决定实粒数多少的关键时期。

二、水肥管理

（一）水的问题

水稻抽穗扬花期是水稻一生中生理需水量最多的时期，也是对水特别敏感的时期，首先要保证不缺水，不受旱，一般田间保持30毫米的水层，使稻株对养分的吸收运转畅通，保持最大的光合效率，促进颖花分化，减少颖花败育。寒冷及高温地区，可适当加深水层调温，使土温比较稳定，避免因气温高低变化影响穗分化。其次在水稻抽穗扬花期不能长时间深水管理，深水管理导致根系活力减低，根系早衰，作物养分输送受阻，抗病性减退。所以此阶段的水分管理应以间歇湿润灌溉方式为主，即采取“陈水不干，新水不进”的灌溉方法，促进水稻植株稳健生长。

（二）施肥问题

此阶段要巧施穗肥，氮、磷、钾配合施用。穗肥施用应根据品种、气候、土壤、高产结构的预期要求和理想的长势长相等综合考虑。在施肥当中对早熟品种可以不施穗肥；一般的中迟熟品种杂交稻，在早施蘖肥的基础上不应施穗肥，特别是对肥力水平低及保肥力弱的沙田更为必要。对前期生长不旺，拔节期叶片淡黄，早晨叶片不挂露水，中午叶片挺直应施用促花肥，若到孕穗期“二黑”不显著，还应施保花肥，以提高结实率，促大穗。

第二节　病虫草害识别与防治

重点防治稻飞虱、稻纵卷叶虫、螟虫、纹枯病、稻瘟病、稻曲病、白叶枯病等。综合采用农业和生态防治技术、诱杀技术、生物防治技术以及应用选择性、高效、环保型农药，实行达标防治。掌握好防治适期、药剂施用量、施用方法。选用噻嗪酮、吡蚜酮等药剂防治稻飞虱。选用丙溴磷、氯虫苯甲酰胺等防治稻纵卷叶虫。选用咪鲜胺、三环唑等药剂防治稻瘟病。选用杀虫双、杀虫单等药剂防治螟虫。在稻瘟病和稻曲病常发区及感病品种种植区，选用枯草芽孢杆菌制剂、春雷霉素预防稻瘟病，井冈—蜡芽制剂、井冈霉素预防稻曲病和纹枯病。在白叶枯病易发病区，选用20%叶枯宁防治。

一、病害识别与防治

（一）防治水稻鞘腐病

药剂处理种子参见稻瘟病。田间喷药结合防治稻瘟病可兼治本病。

必要时可喷洒2%春雷霉素1 200毫升/公顷+50%多菌灵1 200克/公顷，25%咪鲜胺1 000~1 200毫升/公顷，70%甲基托布津1 500克/公顷，40%多菌灵1 500克/公顷+酿造醋1 500克/公顷，或用50%苯菌灵可湿性粉剂1 500倍液，隔15天喷1次，一般1~2次。25%咪鲜胺1 125~1 500毫升/公顷或50%多菌灵1 200~1 500毫升/公顷或70%甲基托布津1 500克/公顷。喷液量：用水225~300升/公顷。水稻孕穗期（水稻剑叶叶枕露出至第一粒稻谷露出）喷一次，水稻齐穗期再喷一次。

（二）防治水稻纹枯病

一般于水稻分蘖盛期至孕穗初期，粳稻病穴率达20%、籼稻病穴率达30%时施药。用5%井冈霉素水剂3 750~4 500毫升/公顷，或用2.5%纹曲宁（井冈霉素+枯草芽孢杆菌）水剂3 750~4 500毫升/公顷，12.5%纹霉星（井冈霉素+蜡质芽孢杆菌）水剂3 000毫升/公顷或25%禾穗宁可湿性粉剂750~1 050克/公顷，针对稻株中下部加水900千克/公顷喷雾或加水4 500~6 000千克/公顷泼浇。还可选用爱苗、甲基硫菌灵、复方多菌灵、安福、氟纹铵等杀菌剂。此外，打捞菌核，减少菌源，选用中抗丰产品种均可减轻纹枯病的发生。

（三）防治稻小球菌核病

在水稻拔节期和孕穗期喷洒40%克瘟散或40%稻瘟灵乳油1 000倍液；5%井冈霉素水剂1 000倍液；70%甲基硫菌灵可湿性粉剂1 000倍液；50%多菌灵可湿性粉剂800倍液；50%速克灵可湿性粉剂1 500倍液；50%乙烯菌核利可湿性粉剂1 000~1 500倍液；50%异菌脲或40%菌核净可湿性粉剂1 000倍液；20%甲基立枯磷乳油1 200倍液；或用30%的爱苗225毫升/公顷。

（四）防治稻瘟病

可选用2%春雷霉素1 200~1 500毫升/公顷、25%咪鲜胺1 125~1 500毫升/公顷、40%稻瘟灵可湿性粉剂，分别在9.1~9.5叶龄、孕穗期、齐穗期喷施。

（五）赤枯病（细菌性褐斑病）

赤枯病是由于土壤环境不良、缺少某种营养元素或外伤后引起的生理性病害。酸性土壤主要缺钾，盐碱土主要缺锌就会出现病状。严重缺钾时，分蘖初期植株矮化、叶色暗绿、呈青褐色或突然大面积在叶片上出现褐色斑点。一般缺钾的田块，如分蘖后期施氮量大，遇到低温、刮风、下雨的气候，从叶尖开始出现褐色斑点，逐渐向下发展，心叶挺直，茎易折断倒伏，有黑根。碱性土壤缺锌时，移栽后2~3周开始从新叶中肋向外表现褪绿，逐渐黄白，叶片中下部出现小而密集的褐斑。严重时斑点扩展到叶鞘和茎，下部老叶发脆，易折断。病情严重时叶片窄小，茎节缩短，上下叶鞘重叠，根系老化，新根很少。出穗时如遇到刮风、下雨和低温，也可能在稻粒上出现褐斑点，也是赤枯病的一种。一般情况下随着成熟后期褐斑就消退，对产量影响不大，但影响出米率。

防治方法：缺锌的地块（速效锌含量低于0.5毫克/千克），每公顷用15~22.5千克硫酸锌与磷肥、钾肥一起做底肥，也可用0.5%的硫酸锌蘸根插秧。移栽后出现赤枯病，排水通气，并制成0.2%~0.3%硫酸锌水液，每公顷450千克进行叶片喷施。严重缺钾的地块每公顷施150~200千克硫酸钾，生育期间发生赤枯病，除排水通气外，要追施硫酸钾每公顷50~100千克。后期的叶赤枯病和出穗时出现的赤枯病，一般情况下随着成熟褐斑就消退，对产量影响不大，但影响出米率。

（六）水稻叶鞘腐败病

水稻叶鞘腐败病又叫鞘腐病。叶鞘腐败病病菌在种子和病残体上越冬，翌年病菌产生分生孢子从水稻的自然孔、伤口侵入，病菌侵入水稻体内经过一段潜伏期后表现出病状，一般在水稻孕穗期发病，病斑发生在剑叶叶鞘上，初为暗褐色小斑，后扩大形成虎斑状大型褐斑，边缘暗褐色或黑褐色，中间颜色较淡，严重时病斑遍及整个剑叶叶鞘，使幼穗局部或全部腐败，形成包穗或半抽穗而枯死。病叶鞘内部的穗呈黄褐色枯死，在颖壳及叶鞘内侧生有略带淡红色的白霉。

叶鞘腐败病发生受湿度和温度影响较大，温度达25~30℃、相对湿度90%以上适宜发病。一般孕穗到抽穗期降雨最大、雨次多，发病重，氮肥施用过多或过迟加重发病，受螟虫等为害造成伤口有利于病菌侵入。大部分地区发病时期为7月下旬，8月上中旬为发病盛期，有时同稻瘟病同时发生。

防治方法如下。

（1）选用无病种子，建立无病留种田。

（2）种子消毒。可用咪鲜胺浸种，结合防治恶苗病。

（3）消灭菌源。对病稻草要及时处理，防止进入稻田。

（4）加强肥水管理。氮、磷、钾配合施用，避免偏施氮肥或施用氮肥过晚，适时晒田，促使稻株健壮，提高抗病力。

（5）药剂防治。可用咪鲜胺类加叶面营养剂、植物生长调节剂进行喷施，每公顷用250克/升咪鲜胺乳油0.75~0.9升或450克/升咪鲜胺微乳剂0.42~0.5升或500克/升甲基硫菌灵（甲基托布津）悬浮剂1.5~2.25升于水稻孕穗期喷施，抽穗后再喷一次，以剑叶叶鞘和穗部为重点。

用以上药剂防治水稻叶鞘腐败病时，加入芸薹素内酯类植物生长调节剂，可促进病株尽快恢复生长，每公顷加0.01%天丰素150毫升或0.1%硕丰481可溶粉60克。同时按15升药液加5毫升有机硅助剂杰效利，可扩大药液与病菌的接触面积，增强药液的渗透性，提高防病效果并节省用药量。

（七）白叶枯病

水稻白叶枯病是国内植物检疫对象，是黄单胞杆菌属细菌性病害。7月末出穗期开始发病，白叶枯在气温20~30℃，空气湿度85%以上时，主要从水孔和机械损伤的部位侵入为害叶片，有时也可浸染叶鞘。发病从叶尖或叶缘开始，初为暗绿色水渍状短浸染线，很快变成暗褐色，然后在浸染周围形成淡黄白色病斑，继续扩展，沿叶缘两侧或中肋上下延伸，转为灰褐色，最后呈枯白色。病斑边缘有时呈不规则的浓纹状，与健部界限明显。严重时早晨沿叶缘两侧用手挤压，可见到黄色菌脓溢出。近几年有发展的趋势，个别地方和地块因此病造成严重减产。白叶枯病一般在沿湖、丘陵和低洼易涝地区发生较为频繁，氮肥多的地块更为严重，品种间也有差异。白叶枯主要是由种子和稻草传播，从苗期到出穗后都可以发生。但多发生在孕穗阶段和出穗阶段。发生早，可造成出穗延迟，穗变小，穗粒数减少。孕穗后发生，粒重减轻，不实粒增加。如分蘖期出现凋萎型白叶枯，造成稻株大量死亡，损失更大。白叶枯在气温20~30℃，空气湿度85%以上时，主要从水孔和机械损伤的部位侵入为害叶片，有时也可浸染叶鞘。白叶枯病可分为如下5种类型。

（1）叶缘型。病斑是典型病斑，发病从叶尖或叶缘开始，初为暗绿色水渍状短浸染线，很快变成暗褐色，然后在浸染周围形成淡黄白色病斑，继续扩展，沿叶缘两侧或中肋上下延伸，转为灰褐色，最后呈枯白色。病斑边缘有时呈不规则的波纹状，与健部界限明显。

（2）急性型。在多肥的地块，易感染的品种或温、湿度极有利于此病时，病叶出现灰绿色，迅速失水，向内侧卷曲，呈青枯状的急性病斑。急性病斑多见于叶片的上部，不蔓延到全株，但表示病害在急剧发展。

(3) 凋萎型。一般在秧田后期和大田分蘖返青期发病，最明显的症状是病株心叶或心叶以下 1~2 片叶尖失水，以主脉为中心，从叶缘向内卷紧不能展开，由于失水而下垂呈凋萎状。其他叶片仍保持青绿，很像螟虫为害造成的枯心苗，区别在于茎部无虫孔。剥开青卷的枯心叶，常发现叶面，特别是叶缘的水孔有蜜黄色球状菌脓，如将外叶鞘剥去，可见到枯心叶鞘下部的白色部分有水浸状条斑，其中，多充满菌脓而呈现黄色，折断病株基部，用手挤压，可见到黄色菌脓溢出。

(4) 叶脉型。在水稻分蘖或孕穗期，叶脉起初呈现黄色斑点，逐渐沿中脉扩展成上至叶尖下至叶鞘，枯黄色长条斑，并向全株扩展成为中心病株，这种病株常常没有出穗就死去。

(5) 黄化型。是不常见的一种症状，发病初期心叶并不枯死，仅可见不规则褪绿斑，进而扩展为大块枯黄的病斑。病叶基部有时出现暗绿色小条斑。白叶枯在天气潮湿或晨露未干时，常在叶缘或新病斑表面排出蜜黄色带黏性小露珠“菌脓”。干燥后，呈鱼子状小胶粒，易掉在田间，随灌溉水的流窜而侵害健苗，对传染起重要作用。

防治方法如下。

①严禁把病区的稻种和稻草售给没有病的稻区。

②少施氮肥，多施磷钾肥，从 7 月的孕穗期开始，进行间断灌水的方法，培育根系健康的水稻来提高抗病能力。

③秋收打场后收拾干净稻草，并把稻草于育苗前处理完。

④病区药物防治时，苗期喷药是关键，一般 3 叶和移栽前各施 1 次药。大田施药做到“有一点治一片，有一片治一块”的原则，及时喷药封锁发病中心。如气候有利于发病，应实行同类田普遍防治，从而控制病害蔓延。防治的药物可选择龙克菌，叶枯灵（叶青双、叶枯宁、猛克菌、川化-018），氯溴异氰尿酸（消菌灵、灭菌成），菌毒清等。各种药可单独用，也可交替使用，一般 5~7 天施药 1 次，连续使用 2~3 次。每次

每亩需加水 60 千克，在露水干后，均匀喷雾。

（八）稻曲病（乌米）

稻曲病是由稻曲霉病菌引起的一种水稻真菌病害，其病源属子囊菌亚门、绿核菌属。病菌主要以落在田间的稻曲球和稻曲球上的厚垣孢子在稻田土中越冬，存活期可达 5 年以上。翌年，在水稻孕穗期初期至齐穗期水稻稻曲球上的厚垣孢子萌发浸染导致发病。水田中的稻曲病菌菌核和稻曲病菌菌丝在稻田中存活期很短，是次要浸染源。当环境条件适宜时（萌发温度为 24~32℃，最适温度为 26~28℃），就会萌发成子囊孢子和分生孢子。子囊孢子与分生孢子借气流传播，侵入到水稻的花器及幼颖，水稻抽穗扬花期高湿多雨有利于病菌的侵入，是造成病害发生的一个重要原因。

该病只表现在穗上，乳熟期出现颖壳外张的病粒。初为黄绿色，后逐渐膨大形成扁平或椭圆形的块粒突出于颖壳，初时块粒表面平滑，后渐龟裂并生褐色丝状物，病粒边缘有时呈黑色并逐渐变硬，整个病粒形成一个菌核结构。病穗上所生的病粒数少则 1~2 个，多则可达 10 余粒。

防治方法如下。

（1）农业防治。选用抗病品种，适当稀植，合理施肥，控制氮肥用量，增施磷、钾肥，合理灌水，适时、适度晒田，增强水稻抗病能力。

（2）药剂防治。在水稻孕穗中期和齐穗期各施 1 次药，便可达到 85%以上的防治效果。稻曲病的防治药剂有 25%三苯醋锡可湿性粉剂、5%络氨铜水剂、77%护丰安（氢氧化铜）可湿性粉剂、5%井冈霉素水剂等。也可以在水稻孕穗后期（破口期前 7 天左右）用 20%瘟曲灵每亩 50 克喷雾，若水稻抽穗期长期阴雨天，则可在始穗期再用药 1 次。也可选用三唑酮、DT（琥胶肥酸铜）乳剂等其他农药进行防治。

二、虫害识别与防治

（一）三化螟

三化螟在中国南方发生代数比北方多：海南岛一年6代，华中和四川盆地4代，陕西、河南3代，云贵高原2代。幼虫蛀食稻茎秆，苗期至拔节期可导致枯心，孕穗至抽穗期可导致“枯孕穗”或“白穗”，以致颗粒无收。中国利用天敌、药剂并结合农业防治方法，消灭三化螟颇有成效。

1. 农业防治

齐泥割稻、锄劈或拾毁冬作田的外露稻桩；春耕灌水，淹没稻桩10天；选择螟害轻的稻田或旱地作绿肥留种田；减少水稻混栽，选用良种，调整播期，使水稻“危险生育期”避开蚁螟孵化盛期；提高种子纯度，合理施肥和水浆管理。

2. 化学防治

（1）防治“枯心”。每亩有卵块或枯心团超过120个的田块，可防治1~2次；60个以下可挑治枯心团。防治1次，应在蚁螟孵化盛期用药；防治2次，在孵化始盛期开始，5~7天再施药1次。

（2）防治“白穗”。在蚁螟盛孵期内，破口期是防治白穗的最好时期。破口5%~10%时，施药1次，若虫量大，再增加1~2次施药，间隔5天。

（3）常用药剂。可用3.6%杀虫单颗粒剂，每亩4千克撒施；或用20%三唑磷乳油，每亩100毫升，加水75千克喷雾；或用50%杀螟松乳油，每亩100毫升，加水75千克喷雾。

（4）甲氨基阿维菌素苯甲酸盐（0.57%）+氯氰，毒死蜱，每亩25毫升，加水30千克喷雾。

3. 生物防治

三化螟的天敌种类很多，寄生性的有稻螟赤眼蜂、黑卵蜂和啮小蜂等，捕食性天敌有蜘蛛、青蛙、隐翅虫等。病原微生物如白僵菌等是早春引起幼虫死亡的重要因子。对这些天敌，都应实施保护利用，还可使用生物农药 Bt、白僵菌等。

（二）稻纵卷叶螟

稻纵卷叶螟，别称为刮青虫、白叶虫，苞叶虫等，是中国水稻产区的主要害虫之一，广泛分布于各稻区。除为害水稻外，还可取食大麦、小麦、甘蔗、粟等作物及稗、李氏禾、雀稗、双穗雀稗、马唐、狗尾草、蟋蟀草、茅草、芦苇等杂草。以幼虫为害水稻，缀叶成纵苞，躲藏其中取食上表皮及叶肉，仅留白色下表皮。苗期受害影响水稻正常生长，甚至枯死；分蘖期至拔节期受害，分蘖减少，植株缩短，生育期推迟；孕穗后特别是抽穗到齐穗期剑叶被害，影响开花结实，空壳率提高，千粒重下降。

1. 化学防治

（1）每亩用25%杀虫双水剂 150 克，加水 37.5~50 千克喷雾，或加水 5~7.5 千克弥雾。用药适期掌握在一二龄幼虫高峰期，或用 1 000 倍药液浸秧 1 分钟带药下田，可兼治二化螟、三化螟。安全间隔期（最后一次用药离收获的天数）不少于 15 天。

（2）每亩用甲胺磷乳剂 25%~50%，50 克，加水 37.5~50 千克喷雾。对高龄幼虫效果也很好，且能兼治黑尾叶蝉。安全间隔期早稻 20 天，晚稻 40 天；甲胺磷属高毒农药，要注意安全使用。

（3）每面用30%乙酰甲胺磷乳剂 50~75 克，加水 37.5~60 千克喷雾，或加水 5 千克弥雾。

（4）每亩用50%杀螟松乳剂 60~75 克，加水 35~37.5 千克喷雾，或加水 7.5 千克弥雾。用药安全间隔期不少于 14 天。此外，每亩用48%毒死蜱乳剂 60 克或50%嘧啶氧磷乳剂 100~

150克或50%巴丹可湿性粉剂150克或509t，甲硫环乳剂（易卫杀）60~100克或10%氯氰菊酯乳剂（灭百可）50~65克或溴氰菊酯乳剂25克，分别加水37.5~50千克，在1~3龄幼虫期喷雾效果好，且可兼治二化螟和三化螟虫等。但溴氰菊酯对鱼剧毒，须管好用药后的田水。

2. 生物防治

（1）天敌。稻纵卷叶螟绒茧蜂。稻纵卷叶螟绒茧蜂是专门寄生于纵卷叶螟低龄幼虫期的一种优势种天敌；赤眼蜂螟赤眼蜂和拟澳洲赤眼蜂是寄生稻纵卷叶螟的主要蜂种。

（2）以菌治虫。用杀螟杆菌、青虫菌等细菌农药防治稻纵卷叶螟，每亩用100~150克（每克菌粉含活孢子100亿以上），加水60~75千克喷雾（土法生产的菌粉，可按含菌量推算）。喷雾时加入药量0.1%的洗衣粉或茶枯粉（即茶籽饼粉）作湿润剂，可提高防治效果。

3. 灯光防治

利用昆虫的趋光性，点黑光灯诱杀害虫。据浙江近2~3年来的多点调查表明，点灯对压低稻纵卷叶螟虫口基数的效果在60%左右，再配合进行“查定”药治，可缩小用药面积，充分发挥灯光防治的作用，是综合防治的重要手段之一。

4. 人工防治

（1）在蛾子盛发期间，在晨露未干时，对蛾子密集的地方，用涂肥皂水的脸盆或捕虫网捕杀蛾子。

（2）早稻收获期遇到第2代蛾子盛发期，利用蛾子趋荫蔽栖息的习性，随收刈进展，把蛾子赶到田角用药消灭。

（3）幼虫盛发期，对处于分蘖期的水稻，每亩滴柴油0.5~0.75千克，待油扩散后，先扫杀稻虱、叶蝉，到傍晚时再扫一次，使稻纵卷叶螟受惊落水，触油而死。或用稻梳（稻梳宽13.2~16.5厘米，上装6.6厘米长的竹齿9个，齿间相隔6.6毫米左右，梳面上装1.16米的长柄）来回梳破虫苞，使幼虫落水，随即撒石灰耕田，也有较好的杀虫效果。

（三）稻飞虱

稻飞虱，属于同翅目（Homoptera）飞虱科（Delphacidae），俗称蠓子虫、火蠓虫、响虫。以刺吸植株汁液为害水稻等作物。我国为害水稻的飞虱主要有3种：褐飞虱（*Nilaparvata lugens* Stal）、白背飞虱［*Sogatella furcifera*（Horvath）］和灰飞虱（*Laodelphax striatellus* Fallén），其中，以褐飞虱发生和为害最重，白背飞虱次之。

（1）选育抗虫丰产水稻品种。如汕优10、汕优64等。

（2）栽培和管理措施，创造有利于水稻生长发育而不利于稻飞虱发生的环境条件。

（3）保护利用自然天敌，调整用药时间，改进施药方法，减少施药次数，用药量要合理，以减少对天敌的伤害，达到保护天敌的目的。可采用草把助迁蜘蛛等措施，对防治飞虱有较好效果。

三、草害诊断与减灾栽培

一些在土壤中残留期较长、活性又较高的激素类除草剂，对后茬敏感作物造成的药害，一般持续时间较长，不仅影响苗期生长，也会影响到拔节、抽穗、开花，造成拔节抽穗困难，花、穗及果实畸形。水稻孕穗期、抽穗期田埂边喷施草甘膦等灭生性除草剂，要防止漂移田边稻穗为害。受害稻穗矮缩，颖壳褐色，有的形似鹰嘴状，一般不结实。

第三节　稻田诊断与减灾栽培

水稻冷害是指水稻各生育时期遭遇到临界温度以下的低温影响，从而导致水稻不能正常生长发育而减产。低温冷害是寒地稻作生产的主要障碍之一。一般发生于两个时期：一是4—5月育苗期出现的冻害，即幼苗青枯；二是本田期由延迟型冷害和障碍型冷害造成的秃尖、瘪粒，甚至不抽穗等。

8月，对于我国大部分地区来讲是炎热的盛夏，但此时的东北低压是东北地区的重要天气系统，它所带来的冷空气和降雨往往造成东北地区的“凉夏”。此时正是东北粮食作物生长的关键时期，每逢遇到气温偏低的“凉夏”，水稻等农作物产量就会受到很大影响，气温越低、灾害越大。水稻受低温冷害影响最严重的省份是黑龙江，吉林次之，辽宁最轻。

一、低温对水稻生长发育和水稻生产的影响

（一）低温对营养生长的影响

水稻营养生长期遇低温将发生延迟型冷害。主要使稻株的出叶速度减慢，株高、叶龄指数、总根数、根长和有效分蘖数降低，叶色变淡，有效分蘖终止期和最高分蘖期延迟。有试验表明，营养生长期的温度制约抽穗期的早晚，寒地水稻抽穗的临界温度一般为17~18℃，温度如在临界点以下，每降低1℃，抽穗期会延迟9~11天，低温延缓幼穗分化始期以至延迟抽穗，影响成熟和产量。

（二）低温对生殖生长的影响

此期如遇低温，主要影响水稻的正常抽穗、开花和成熟，是障碍型冷害发生的关键期。试验表明，孕穗期的临界温度为18℃，其受害程度与抽穗前9~11天的平均气温有关，气温每降低1℃，结实率下降6.27%。低温将减少每穗枝梗分化数和粒数，并发生大量的不孕粒。开花期临界温度为20℃，抽穗开花期如遇低温，将使花粉发芽率下降，花药不开，颖壳开裂角度变小，甚至不能开裂等，影响正常受精，造成不育，空秕率明显增加。灌浆期临界温度为18℃，低于18℃将减慢籽粒

干物质的灌浆速度，籽粒不能完好成熟。

（三）低温对水稻生产的影响

低温不仅降低水稻的结实率，而且能诱导稻瘟病的大面积流行，甚至造成部分地块绝产，严重影响水稻产量和农民的经济收益。

二、水稻冷害类型与特征

（一）延迟型冷害

延迟型冷害是指在水稻生育期间，特别是营养生长期，遭遇较长时间低温度危害，这种冷害削弱稻株生理活性，导致水稻出苗迟，分蘖晚，抽穗开花延迟；虽能正常受精，但不能充分灌浆成熟而显著减产，也有前期气温正常，抽穗并未延迟，而后期异常低温导致延迟开化、授粉、结实不良而形成冷害。尤其是种植晚熟品种，抽穗期延迟时，减产更为严重。

发生延迟型冷害，关键在于8月的气温，该月气温如果正常或稍高，即使前期生育稍有延迟，也可得到正常的收成；相反，如果8月气温低于平年，将导致不同程度的延迟型冷害，或同时出现障碍型冷害。发生延迟型冷害后，水稻穗上部颖花虽然受精结实，但穗下部颖花的开花、受精、灌浆都将受到严重障碍，因而秕粒多，粒重低，严重时稻粒成青米或死米，不仅严重减产，且米质不良。

（二）障碍型冷害

障碍型冷害是指水稻生殖生长期，特别是对低温抵抗能力最弱的花粉母细胞减数分裂期，遭受短时间异常的相对低温，使花器的生理机制受到破坏，造成颖花不育，形成大量空壳而严重减产。障碍型冷害出现的概率较小，但一经出现则损失严重。障碍型冷害出现时间是7月中旬，在孕穗期遇到低于幼穗发育的临界温度18℃。根据遭受低温为害时期又可分为孕穗期冷害和抽穗开花期冷害。水稻一生对低温抵抗力最弱的时期是生殖细胞减数分裂期的小孢子形成初期，此期遭遇17℃以下低温，不孕粒增多。幼穗形成期的枝梗分化期是另一低温敏感期，受低温为害，不仅延迟抽穗，导致枝梗退化，也易产生畸形颖花和不孕粒，但与减数分裂期相比，为害较小。水稻抽穗开花期的低温影响程度，仅次于孕穗期。黑龙江省属大陆性气候，水稻孕穗期的7月温度较高，而抽穗开花的8月温度急剧下降。此期如遭受20℃以下低温颖壳不张开，花药不开裂，散粉或花粉发芽率大幅度下降而不育，造成减产。障碍型冷害发生前水稻生育比较正常，低温过后成熟期气温正常，因此障碍型冷害一般常比延迟型冷害减产程度低。

（三）混合型冷害

混合型冷害是指延迟型冷害和障碍型冷害在同一年度中发生。生育初期遇低温延迟生育和抽穗，孕穗、抽穗、开花期再遇低温，造成不育或部分不育，既有部分颖花不育，又延迟成熟，发生大量秕籽粒。

三、水稻冷害的诊断技术

水稻冷害是寒地水稻生产的严重灾害，严重影响了水稻的生产。如果能够科学合理地诊断水稻冷害，并及时采取必要的管理措施，可在某种程度上预防和补救冷害造成的损失。

（一）发芽期的冷害诊断

一般以10℃为临界温度指标。此期如遇低温，则会出现鞘叶伸不开，向回勾曲，真叶抽出来变形，叶顶部形成一个圆圈状，叶尖在叶鞘内包着抽不出来等现象。

（二）苗期与分蘖期的冷害诊断

此期间的低温冷害主要为延迟型冷害，表现为生育期拖后。苗期的临界下限温度一般日平均为13℃，分蘖期的临界下限日平均温度为16~18℃。如果此时段内满足不了上述指标要求，就可能发生冷害。

（三）营养生长期的冷害诊断

营养生长期（指播种至幼穗分化期）遇低温将发生延迟型冷害。经调查，6月有效积温每减少10℃，抽穗期延迟1~2天；平均气温降低1℃，抽穗期延长3~4天；平均最低气温降低1℃，抽穗期延迟5~7天。

（四）孕穗期的冷害诊断

此期如遇低温通常导致障碍型冷害，将严重影响花粉母细胞的形成和分裂、花粉粒的形成与发育，表现为结实下降而造成减产。此期的临界温度为18℃，其受害程度与抽穗前9~11天的平均气温有关，此段气温每降1℃，结实率下降6%左右。

（五）抽穗开花期的冷害分析

水稻在安全抽穗期内不抽穗，就有可能产生延迟型冷害，将影响到后期的成熟度。例如，黑龙江省垦区稻安全抽穗期为7月25日至8月10日。此期如果平均气温低于20℃，有可能影响这一时期的生长发育。

（六）灌浆成熟期的冷害诊断

我国北方8月平均气温如果低于18℃，就可能造成延迟抽穗，如遇霜不能完好成熟，形成大量瘪粒，不但减产，而且影响品质。

四、低温冷害对水稻生理的影响

（一）低温对生理过程的影响

（1）低温削弱光合。由于低温使水稻叶绿体中蛋白质变性，酶的活性降低，甚至停止；根部吸收水分减少而导致气孔关闭，吸氧量不足，光合效率下降。如以24.4℃下的光合作用强度为 100%，在 14.2℃ 条件下仅为 74% ~ 79%，约减弱 20%。

（2）低温降低呼吸强度。呼吸作用是维持根系吸收能力和加快作物生长速度不可缺少的条件。水稻在生育过程中，比适温每下降 10℃，其呼吸强度要降低 1.6~2.0 倍。

（3）低温对矿质营养吸收的影响。根吸收矿质元素所需的能量来自呼吸作用，某些元素的吸收与呼吸作用的关系更大。低温使根系的呼吸作用减弱，吸收力降低，对氮、磷、钾的吸收影响最大，而对钙、镁、氯的吸收影响很小或没有影响。低温对吸收矿质的影响因生育时期而异：插秧初期影响大，以后随生育的进展而逐渐减轻。

气温回升后，由于呼吸系统强度增强，吸收矿质营养的能力可以恢复，吸收的氮、磷、钾等养分急剧增加。其中，吸收最旺盛的是氮，植株逐渐以氮代谢为主。因此，稻株养分的平衡被破坏，含氮量过高，茎叶徒长软弱，对稻瘟病的抗性下降。

（二）低温引起水稻生理失调

低温对水稻植株体内各生理过程的影响互相作用，使生理活动在低温的作用下发生复杂的变化。

（1）根吸收的营养分配失调水稻根在低温条件下，根重的增长率下降，对矿质元素吸收力减弱，但由于矿质元素从根部向叶片的转运减少，使某些元素在根中的含量不正常的增加，地上部的含量不正常的减少，营养分配失调。分蘖期低温（13℃处理 6 天）对不同器官养分含量的吸收减少。

（2）叶片光合作用产物的分配失调低温使碳水化合物从叶片向生长着的器官或根部运转变慢。试验表明，正在进行光合作用的叶片，在低温条件下，光合产物留在叶片中的时间较长，并消耗于呼吸作用，从而使这些物质向植株其他部位的运转量减少，造成叶片光合产物的分配失调。

五、防御水稻低温冷害的技术措施

（一）加强各部门对低温冷害的认识

各生产单位（地区）行政、科研、气象和推广等各部门应继续对低温冷害的重视，积极采取有效措施进行防御。至20世纪80年代中期，由于全球变暖，特别是推广旱育稀植技术以后，低温冷害为害变轻，使人们放松了对低温冷害的防御工作，导致了近几年来低温冷害的发生。为此，各部门还应继续重视水稻低温冷害问题，积极防御低温冷害发生。

（二）加强种子市场的管理

目前水稻种子市场混乱，一些无任何鉴定手段和营业执照的个人乱育、乱繁、乱销水稻种子，并严重夸大所经营水稻品种的经济性状和抗逆性，使一些盲目追求好、少、新品种的稻农上当受骗，造成极大经济损失。因此，防御低温冷害，必须优化水稻种子的繁育和销售市场。农户自己也要自觉选择抗病、耐冷、经过审定和大面积试种的水稻品种。

（三）按生态区划种植

由于前几年的高温，使种植户在选择品种时没有充分考虑当地的积温水平、栽培方式等因素，盲目选择品种，越区种植现象严重，一旦遭遇低温年，受害严重。因此，应根据当地的气候条件，选择所需有效积温较当地积温少100~200℃的水稻品种，做到安全抽穗、成熟。

（四）加强耐冷、抗病品种的选育和推广

种植耐冷品种是防御低温冷害的一项重要措施。科研部门和种子管理部门在选育和推广品种上，要坚持耐冷、抗病、优质、高产并重的方针，将耐冷品种的栽培面积尽快扩大，增强对低温冷害的防御能力。因此选用中早熟、质佳、抗逆能力强的品种，是确保寒地水稻高产优质的关键。

(五) 采取增温促早熟的技术措施

(1) 采用保护地栽培适时早育苗保护地栽培是防御低温冷害的主要技术措施，它能增加有效积温，使水稻提早成熟。试验表明，当外界气温稳定通过5~6℃时，就可播种，适时早育苗。在秧苗管理上，坚持宁稀勿密、宁干勿湿、宁冷勿热的原则，培育壮苗。

(2) 抓住农时适时早插秧抓农时，就是抓积温，当日平均气温稳定通过12~13℃、地温达14℃时，就可开始插秧，使稻株尽早抽穗。

(3) 科学灌水当前防御障碍型冷害最有效的方法是在冷害敏感期进行深水灌溉。也就是当剑叶叶耳与下一叶的叶耳间距为-5~5厘米时，如遇低温，用高于地表15厘米的水层深水灌溉，可有效防御低温冷害。另外，为促进稻株早生快发，应采取设晒水池，加宽延长水路，渠道覆膜，加宽垫高进水口和回水灌溉等综合增温措施。

(六) 防御冷害的施肥技术

为了防御水稻冷害，在施肥方面应采取以下技术。

(1) 控制氮肥的施用量和施用时期。在前期水稻营养生长阶段，氮肥用量过多，会促进水稻生长速度，形成茎叶幼嫩，含水量高，容易受冷，不抗冻，所以氮肥用量在前期要控制，施氮时期要后移。北方稻作区遇到冷害年份通常应将氮肥总量减少20%~30%。在施肥时期上，基肥要占40%~50%，蘖肥酌情看气温施10%~15%，抽穗前后再追肥1~2次。穗肥依天气情况施用，如果天气晴，气温高，可施用；如阴雨天气，则不能施用。在施氮肥同时，配施磷、钾肥和硅肥，能使稻株健壮，抗逆性增强，并能使稻株提前成熟。由于磷肥的移动性小，应将全部磷肥做基肥施入。钾肥比磷肥移动性大，比氮肥移动性小，应将60%~70%的钾肥做基肥，余下的做追肥施用。硅肥为水稻生长发育所必需的元素。硅肥可使植株硅质化，促进水稻的新陈代谢，增强水稻的抗逆能力。

（2）增施磷钾肥。磷钾肥可提高水稻的抗寒能力，促进早熟，在低温冷害年份，土壤温度不高，磷的有效性更低，且移动慢，阻碍水稻的吸收利用，因此要增施磷钾肥。磷肥的施用方法要分两层深浅结合，深层施基肥，浅层施面肥，使磷肥在全耕层都有分布，既能提高幼苗抗性，又可使后期灌浆不缺磷提高结实率。钾肥的施用可作基肥一次施用，也可部分在追肥中再施更加有利于水稻植株健壮，提高抗寒和抗病能力。

（3）重视有机肥的施用。稻田施用腐熟有机肥有利于根层土壤的保温和促进水稻根系的发育，形成壮苗，提高稻株的抗寒抗病性能。在有机肥中如施用草木灰或秸秆还田，不仅有利于土层保温还可供应钾营养，有利于稻株健壮和提高水稻抗逆性。

第五章　灌浆结实期生产管理

第一节　生育特点及水肥管理

一、生育特点

灌浆结实期是稻穗抽出后经过开花、受精、灌浆到谷粒完全成熟为止的一段时期，具体又可分为乳熟期、蜡熟期和完熟期。灌浆速度的快慢与品种类型及气温有关。一般来说，早稻比晚稻灌浆速度快，籼稻比粳稻灌浆速度快，温度高比温度低灌浆速度快，同一穗上开花早的比开花迟的灌浆快。长江中下游的早籼稻，一般在开花后 25 天左右粒重就不再增加，而晚粳稻则需要 40 天左右。灌浆结实期是叶同化产物向籽粒转运积累的关键时期，也叫产量形成期。提高产量的关键就在于此时期如何保有高度同化能力的叶片和生活力旺盛的根系。由于水稻生育后期根系活力下降，叶片养分迅速向籽粒转移，极易衰退落黄，这些都不利于结实率和千粒重的提高。

灌浆结实期田间管理应该以养根保叶、防止早衰、提高光合效率、促进灌浆、提高结实率和千粒重为主要目标。其核心是养根保叶，特别是水稻上部的三片功能叶。因为抽穗前每亩有效穗数已经定型，抽穗后每穗总粒数也基本定型，灌浆结实期主要是决定结实率和千粒重的关键时期，水稻产量的 80%左右主要来自抽穗后的光合产物，而上部三片功能叶就是水稻的主要生产车间；同时，上部三片叶片能否保持高效的运行状态，还必须要有强大的根群和强壮的茎秆做基础，只有养根才能保叶，从而达到提高水稻结实率和千粒重、增加产量的效果。

二、水肥管理

（一）水肥管理的重要意义

北方粳稻抽穗结实期指从水稻抽穗到谷粒成熟。一般早熟品种需 25～30 天，中熟品种需 30～35 天，晚熟品种 40～45 天。水稻抽穗、开花期是对水分比较敏感的时期，敏感程度仅次于孕穗后期。由于水稻抽穗正值高温季节，植株蒸腾与蒸发量大，为满足水分供给，应保持浅水层。灌浆结实期也不宜断水，水分不足会影响光合作用和糖类的输送，但是也不能长时间深水灌溉，否则不利于根系生长。水稻抽穗后，叶片中氮素转移到穗部，使叶片含氮量降低，光合能力减小，提早衰老死亡。因此，补施一定的氮肥，可延长叶片功能时期，增强光合作用，有利结实壮籽，提高单产。

（二）北方粳稻开花的基本规律

正常情况下，水稻一般在抽穗（穗顶露出剑叶叶枕 1 厘米即为抽穗）当天或稍后即开始开花。一个穗子顶端最先抽出，穗子顶端枝梗上的颖花随后开放，然后伴随穗的抽出自上而下，依次开花，基部枝梗上的颖花最后开。一次枝梗上的开花顺序和整穗顺序有所不同，首先是顶端第一粒颖花先开，然后是基部颖花，再顺序向上，最后是顶端第二粒颖花开放。二次枝梗也遵循这一规律。同一稻穗上所有颖花完成开花需 7～10 天，其中大部分颖花在 5 天内完成，一天中的开花动态则是 9～10 时开始开花，11～12 时最盛，14～15 时停止。每个颖花开花均经过开颖、抽丝、散粉、闭颖的过程，全过程需 1～2.5 小时。由于同一田块的植株间和同一植株的分蘖间都是一个连续的抽穗过程，同一田块完成抽穗需 10 天左右，所以对一块田来说，所有颖花完成开花需 15 天左右。

（三）管理目标及技术措施

抽穗结实期是水稻灌浆壮籽形成产量、提高品质的最后阶段，此期中心任务应以补肥、间歇灌溉、及时防治病虫害、保持活秆成熟不倒伏为管理重点。

（1）补肥。水稻后期主要是粒肥。施好粒肥可提高后期光合作用，加快灌浆速度，提高结实率。粒肥有延缓出穗后叶面积下降和提高叶片光合作用的能力，有增强根系活力、增加灌浆物质、减少秕粒、增加粒重的作用。但粒肥施用不当会引起稻株贪青晚熟。因此，粒肥的施用一般是在安全抽穗期前施用或生长后期有早衰、脱肥现象时才能施用。施用粒肥时，要考虑土壤条件、水稻长势、气候因素等。施肥量应根据水稻长势和叶色浓淡确定，一般不宜超过总施氮量的 10%。土壤肥力高、前期施肥充足、水稻长势良好的稻田可不施粒肥；土壤条件好，底肥充足，水稻叶色浓绿、长势过猛，阴雨天多时，可考虑少施或不施；地力后劲不足的，水稻叶色较淡的，天气情况好转时，要坚持施用粒肥，在齐穗期每亩撒施 2～3 千克尿素或用 1%的尿素、0. 2%的磷酸二氢钾溶液午后喷施，可促进灌浆，提高结实率和增加粒重。

（2）科学管水。抽穗开花期保持浅水层，灌浆结实期采用间歇灌水方法，也就是指灌一次水等落干后再灌，前水不见后水。当前茬水渗下去，再灌后茬水，这样能增加土壤透气性，达到以气养根，以根保叶，以叶保产，使水稻根深叶茂，保证了水稻生育后期 3 片功能叶，青枝绿叶不早衰，提高叶片光合作用，增加籽粒干物质积累，加速灌浆速度，促进子实成熟，提高成熟度，增加千粒重，达到高产。

第二节　病虫草害识别与防治

早稻后期病虫害主要是稻瘟病、螟虫、稻飞虱等；晚稻后期主要病虫害有纹枯病、稻瘟病、稻纵卷叶螟、稻飞虱等，要根据各地的测报及田间调查情况及时进行综合防治。

一、谷粒瘟

（一）发病症状

发生在谷粒的内外颖壳上，主要是在谷粒上产生褐色椭圆形或不规则斑点，可以使稻谷变黑；有的颖壳无症状，护颖受害变褐，能够使种子带菌。

（二）防治方法

谷瘟病防治方法同叶瘟病防治方法。药剂防治主要在破口期和齐穗期进行。

二、稻飞虱

稻飞虱是稻田飞虱类害虫的统称，其成、若虫均以口器刺吸水稻汁液为害，为害水稻的主要有褐飞虱、白背飞虱和灰飞虱 3 种。其中，为害较重的是褐飞虱和白背飞虱。早稻前期以白背飞虱为主，后期以褐飞虱为主；双季晚稻以褐飞虱为主。灰飞虱很少能直接成灾。稻飞虱同时也是南方水稻黑条矮缩病、条纹叶枯病等病毒病的传播媒介，容易间接为害（图 5-1、图 5-2）。

（一）褐飞虱

褐飞虱具备远距离迁飞习性，每年发生代数自北而南递增，是我国和许多亚洲国家当前水稻生产上的首要害虫。褐飞虱为单食性害虫，只能在水稻和普通野生稻上取食和繁殖后

图 5-1　稻飞虱传毒的条纹叶枯病感病植株

图 5-2　稻飞虱传毒的黑条矮缩病感病植株

代，喜欢温暖高湿的气候条件，在相对湿度 80% 以上、气温 20~30℃时生长发育良好，尤其以 26~28℃最为适宜。

（1）为害症状。长翅型成虫具趋光性，闷热夜晚扑灯更多；成、若虫一般栖息于阴湿的稻丛下部；成虫喜产卵在抽穗扬花期的水稻上，产卵期长，有明显的世代重叠现象。褐飞虱的成、若虫都能为害水稻，一般群集于稻丛基部，密度很高时或迁出时才会出现在水稻叶片上。褐飞虱用口器刺吸水稻汁液，消耗稻株的营养和水分，并在茎秆上留下褐色伤痕、斑点，分泌蜜露引起叶片烟煤蘖生，严重时导致稻丛下部变黑，逐渐全株枯萎。被害稻田常在田中间出现“黄塘”“穿顶”或“虱烧”现象，甚至全田荒枯，造成严重减产或颗粒无收。

（2）防治方法。

①农业防治。选用抗虫品种是防治褐飞虱最经济有效的方法。连片种植便于集中统一防治。

②物理防治。利用褐飞虱的趋光性进行灯诱杀虫，每 50~60 亩安装一盏频振式杀虫灯，可以减轻为害。

③药剂防治。采用压前控后或狠治主害代的策略，选用高效、低毒、残效期长的农药，在若虫 2~3 龄盛期施药。一般来说，晚稻百蔸虫量达到 1 500 头时，要及时用药防治，施药时要做到“分蘖厢，灌深水，打基部”。亩用 25%噻嗪酮可湿性粉剂 50 克、25%噻虫嗪水分散粒剂 3 克或 25%吡蚜酮可湿性粉剂 25 克，对水 50 千克进行喷雾防治。

（二）白背飞虱

白背飞虱俗称“火蠓子”“火旋”，在我国各稻区都有发生，各地每年迁入的初发虫源比褐飞虱早，持续时间长且峰次多。一般初夏多雨、盛夏干旱的年份易导致大发生。在水稻各个生育期成、若虫均能取食，但以分蘖盛期、孕穗、抽穗期最为严重，此时增殖快、受害重。

（1）为害症状。白背飞虱在稻株上的活动位置比褐飞虱和灰飞虱都高，其成虫具趋光性、趋嫩性，生长嫩绿的稻田易诱成虫产卵为害。成虫产卵在叶鞘中脉两侧及叶片中脉组织内，若虫群栖于基部叶鞘上，受害部先出现黄白斑，后变黑褐色，叶片由黄色变棕红色，重者枯死，田中出现黄塘现象。

（2）防治方法。

①农业防治。适时晒田、浅水勤灌。施肥要做到促控结合，防止水稻前期猛发、封行过早，后期贪青晚熟和倒伏等。

②生物防治。保护和利用天敌，或稻区放养小鸭；使用白僵菌。

③药剂防治。采取“压前控后”和狠治主害世代的策略。百蔸虫量 1 500 头时，在低龄若虫盛孵高峰期进行药剂防治。可选用 10%吡虫灵可湿性粉剂 20~30 克、25%噻嗪酮可湿性

粉剂 50 克、25%噻虫嗪水分散粒剂 3 克或 25%吡蚜酮可湿性粉剂 25 克，对水 50 千克喷雾防治。

(三) 灰飞虱

灰飞虱是传播条纹叶枯病等多种病毒病的媒介，造成的危害常重于直接吸食为害，被害株表现为相应的病害特征。

(1) 为害特点。成、若虫都以口器刺吸水稻汁液危害，一般群集于稻丛中上部叶片，近年发现部分稻区水稻穗部受害变较严重，虫口大时，稻株汁液大量丧失而枯黄，同时因大量蜜露洒落附近叶片或穗子上而滋生霉菌，但较少出现类似褐飞虱和白背飞虱的“虱烧”“冒穿”等症状。

(2) 防治方法。

①每公顷秧田用 25%吡蚜酮 300 克。

②每公顷秧田用 25%吡蚜酮 240 克+40%毒死蜱 EC750 毫升对水 450 升喷细雾或对水 225 升弥雾。

③第二次用药。每公顷用上述药剂加病毒钝化剂 31%病毒康 600 克，或加 50%氯溴异氰尿酸（灭菌威）900 克以控制病害流行。

三、稻苞虫

稻苞虫又名稻弄蝶、苞叶虫，广泛分布于全国各稻区，特别是在南方稻区发生普遍，局部地区为害严重，主要为害水稻，也为害多种禾本科杂草。幼虫吐丝缀叶成苞并蚕食，轻则造成缺刻，重则吃光叶片。严重发生时，可将全田甚至成片稻田的稻叶吃完。我国每年发生 2~8 代，南方稻区以老熟幼虫在背风向阳的游草等杂草中结苞越冬。

(一) 为害症状

早期造成白穗减产，晚期大量吞噬绿叶，造成绿叶面积锐减、稻谷灌浆不充分、千粒重低、严重减产，更为严重的是由于稻苞虫危害，导致稻粒黑粉病剧增、收获的稻谷中带病谷粒多、加工时黑粉不易去除，影响稻米质量。稻苞虫在我国一般发生 2~8 代，第 1、2 代虫量少，对早稻为害不大；8、9 月其第 4 代幼虫常常为害南方双季晚稻，一般以 4 代幼虫越冬。

（二）防治方法

（1）农业防治。冬春季成虫羽化前，结合积肥，铲除田边、沟边、积水塘边的杂草，以消灭越冬虫源。

（2）物理防治。安装频振式杀虫灯诱杀成虫效果较好，可以有效减少下代虫源。

（3）药剂防治。防治该类害虫主要是结合对其他害虫的防治进行兼治。但虫口密度较大时，可以选用杀螟杆菌 600~700 倍液（可以添加 1/4 洗衣粉）或 50%杀螟松 1 000 倍液或 50%辛硫磷乳油 1 500 倍液或 500~1 000 倍 Bt 乳油，每亩喷雾药液 60 千克。

第三节　稻田诊断与减灾栽培

一、稻田诊断

（一）低温

抽穗结实期的低温会使空秕粒大量产生。低温造成花药不开裂，不能完成受精，影响水稻齐穗和产量安全。水稻在开花授粉期的最适温度为 30~32℃，最低温度为 15℃。如果平均气温低于 20℃，日最高气温低于 23℃，开花就会减少；或虽开花而不授粉，形成空壳。对于低温冷害，可控制施氮肥，配合增施磷肥、钾肥、硅肥，适当喷一些镁肥。在低温冷害年份，应将施氮量减少 20%~30%，余量中的 70%~80%作底肥和分蘖肥。穗肥依天气情况施用，如果天气晴，气温高，可施用；如阴雨天气，则不能施用。在施氮肥同时，配施磷肥、钾肥和硅肥，能使稻株健壮，抗逆性增强，并能使稻株提前成熟。由于磷肥的移动性小，应将全部磷肥作基肥施入。钾肥比磷肥移动性大，比氮肥移动性小，应将60%~70%的钾肥作基肥，余下的作追肥施用。

硅肥为水稻生长发育所必需的元素，可使植株硅质化，促进水稻新陈代谢，增强抗逆能力。氮、磷、钾、硅可保水稻产量，抽穗结实期喷些镁肥，可提高水稻品质，稻米适口性更好。若发生冷害可喷施各种化学药剂和肥料，如硼酸、萘乙酸、激动素、2,4-D、尿素、过磷酸钙和氯化钾等，对冷害均有一定防治效果。

（二）高温

水稻虽然是喜温作物，但在各个生育时期超过生长发育的适宜温度，水稻也会受害。高温造成植株早衰，叶片功能下降，籽粒不饱满。抽穗开花期受35℃以上高温，花粉粒内的淀粉积累不足或不积累，花粉的生活力减弱甚至死亡，花药不易开裂，散粉力差，授粉不良，空粒增加。而灌浆期的高温为害主要是造成秕粒增加，粒重减轻。对于抽穗开花期和灌浆期的高温热害，一是从品种熟期上进行调整，使水稻的抽穗期避过高温期；二是在出现高温时采用灌深水及日灌夜排等措施降温，有喷灌条件的，也可以在高温出现时进行喷灌；三是喷施一些对水稻叶绿素有保护作用的物质，如维生素C、生长素等，对减轻高温为害也有一定作用。

（三）水分

水分对抽穗开花影响也很大，一般空气相对湿度为70%~80%对抽穗开花最为适宜。若低于50%，花药就会干枯，花丝不能伸长，甚至穗也不能抽出来。但湿度过大，开花期遇到阴雨连绵，空气湿度接近100%，则花丝不伸长，花药不开裂，花粉黏性大，就会出现大量空壳，甚至还会发生褐变粒等病害。灌浆期因土壤干旱缺水时间较长或连日阴雨，施肥量过多或过少，都会造成徒长、早衰或后期贪青，长期深水或干水、群体过大、病虫为害、倒伏都会使空秕增多。

（四）大风

大风可使水稻倒伏、落粒、茎秆折断及叶片擦伤，还间接引起病菌侵入和蔓延，如白叶枯病、细菌性褐斑病和稻瘟病的病菌就很容易从茎叶伤口侵入，加重病害发生。风害程度与风力大小、持续时间、品种的抗风能力及生育时期都有密切关系。兴修农田水利，种植防风林是防止风害的有效措施。此外，选用植株矮、茎秆强韧、株型紧凑、不易倒伏及不易落粒的水稻品种；加强田间管理，提高水稻的抗倒能力，也有利于抗御风灾。栽培上重视磷、钾肥的施用，不要偏施和晚施氮肥，并且做好晒田、烤田工作，可增强水稻抗倒能力。

（五）看苗诊断

（1）看稻株绿叶数。稻株抽穗后绿叶数少，直接影响到籽粒充实程度。高产水稻要求抽穗后到灌浆期单株能保持3~4片绿叶，此后随着谷粒成熟，下部叶片逐渐枯黄，到黄熟期仍有1~2片绿叶。

（2）看稻株落色状况。正常稻株在开花灌浆阶段茎、叶都应保持青绿色。呈现青绿色表明氮代谢正常、光合效率高，有利于籽粒充实。灌浆后，茎色逐渐退淡，绿中带黄，但枝梗仍要保持青色，以利碳水化合物向籽粒转运。成熟时全田呈现出“青枝绿叶、黄丝亮秆、谷粒金黄”的长相。

（3）看根系活力。结实期应保持根系活力，以根养秆，以秆保叶，以叶保粒。田间诊断根系活力的方法如下。

①看白根、褐根的多少。若这两类根占总根数的一半以上，表示根系活力较强；若黑根、腐根占总根数一半以上，表

示根系活力衰退。

②用手拔稻株，若不易拔起或拔起后稻根带泥土较多，表示根系活力良好；若一拔即起或根秆分开，表示根系活力衰退。

（4）看产量因素组成与穗部性状。调查分析各项产量因素和穗部性状的情况可以检查技术措施和环境条件的优缺点，为以后制订栽培措施提供依据。

（六）植株的形态特征

（1）健康植株的形态特征。抽穗整齐一致，主茎穗和分蘖穗比较齐平，叶色正常，比抽穗前略深一些。单茎或主茎绿叶数较多，齐穗期早稻应有 4 片绿叶，中晚稻应有 5 片绿叶；乳熟期早稻应有 3 片绿叶，中晚稻应有 4 片绿叶；黄熟期早稻应有 1.5 片绿叶，中晚稻应有 3 片绿叶。最后 3 片功能叶直立挺拔。茎秆粗壮、穗型大、枝梗数多、退化枝梗少、根系发达、上层根较多、抗倒伏能力强。

（2）早衰植株的形态特征。叶色呈棕褐色，叶片初为纵向微卷，然后叶片顶端出现污白色的枯死状态，叶片薄而弯曲，远看一片枯焦。根系生长衰弱、软绵无力，甚至有少数黑根发生。穗形偏小、穗基部结实率很低、粒色呈淡白色、翘头穗增多。

二、减灾栽培

（一）水肥促控措施

水稻抽穗期一般主茎保持 4 片绿叶，抽穗后 15~20 天后最少仍保持 3 片绿叶，青秆绿叶、活棵成熟才能保证高产。寒地稻区结实期温度逐渐下降，所以粒肥多在见穗至齐穗后 10 天以内施用。一般在始穗期和齐穗期施用，每亩用量为 2.5~5 千克硫酸铵或相同氮量的其他氮肥。施用标准以叶色变化为准，当抽穗期叶色比孕穗期叶色淡时即可施用粒肥。在水层管理上，出穗期浅水，齐穗后间歇灌溉，既要保证生长需水，又要保证土壤通气。灌溉方法为灌一次浅水，自然渗干到脚窝有水，再灌浅水。前期多湿少干，后期多干少湿，至少保证出穗后35~45天的灌溉，以利于高产优质。

（二）灾害天气的高产栽培管理

抽穗结实期低温会使空秕粒大量产生，严重影响高产和稳产。水稻开花最适温度为25~30℃，通常以连续3天平均温度不低于20℃，日最高温度不低于23℃作为安全开花授粉的温度指标。籽粒灌浆结实的最适温度为21~26℃，因此，寒地稻区必须选用较低温度下灌浆速度快、后熟快的品种，以适应成熟期出现的低温天气。减数分裂期若出现低于17℃低温时，应灌深水护胎，增加热量，调节温度，使水层达到15厘米。低温过后，使水层恢复原位，则可防止低温造成的为害。采取“日排夜灌”，以水调温，改善田间小气候，防御低温，减轻冷害的为害。阴天常换水，以调节稻田温度及补充水中氧气。

此时期在栽培上应注意以下几点：选结实性好、抗逆性强、适应当地条件的优良品种；制订合理的栽培技术措施，推广带蘖壮秧，适时栽插，使其在安全孕穗和安全齐穗期避过不良气候影响；正确进行肥水管理，处理好群体与个体、营养生长与生殖生长的关系，避免徒长、贪青或早衰，增强抗病力，提高光合生产力，以减少空秕粒的产生。

（三）洪涝灾害

长江中下游以及华南早稻主产地区多是我国多雨省份，夏季的6—7月洪涝灾害十分频繁，此时正值长江中下游地区早稻孕穗至乳熟期。一旦遭遇洪涝灾害，轻者水淹对水稻的生长发育及产量形成造成较大影响，重者导致农田被冲毁，造成绝收。水稻在不同生育期的耐涝能力是不同的，一般营养生长期的耐涝能力高于生殖生长期，其中，以孕穗期较为敏感。孕穗期一旦受淹，水稻正常的生理活动将遭到破坏，颖花和小枝梗退化，影响小穗生长、生殖细胞的形成和花粉发育，危及产量。因此，一般把水稻孕穗期作为洪涝灾害的敏感期。其次是抽穗开花期，受淹后会造成植株早衰、白穗、畸形穗、多秕谷，致使倒伏严重，对水稻产量影响较大。6—7 月正值晚稻秧苗期，耐涝能力较强，短时间淹水不会产生明显为害，但如果淹水时间过长，仍会对秧苗产生影响。严重洪涝会导致晚稻秧田被毁，引起缺苗少苗，推迟移栽时间，增加晚稻后期遭遇“寒露风”的可能性。

发生洪涝灾害的主要应对措施如下。

(1) 品种选择。因地制宜选择品种，在夏涝严重的地区，早稻以种植早熟品种为宜，争取在洪涝发生前成熟收获；可以适当调整早稻播栽期，使其避过洪涝生育敏感期和涝灾高峰期。

(2) 及时排水。受灾的稻田要及时排出积水，争取让水稻叶尖及早露出水面，尽量减少受淹天数。如遇晴热高温天气，不能一次性将稻田水排干，必须保留适当水层，使水稻逐渐恢复生机；阴雨天则可以将田水一次性排干，有利于水稻恢复生长。

(3) 田间管理。

①扶苗洗苗。稻田遭遇洪涝灾害，水质浑浊，大量泥沙、污泥吸附在叶片上，会堵塞气孔，影响其呼吸作用和光合作用。特别是洪涝过后如遇高温会导致叶片组织坏死，影响产量，所以要做好灾后的扶苗洗苗工作。对于处于分蘖期和幼穗分化前期的秧苗，可随退水方向泼水洗苗扶理，清除烂叶、黄叶；对处于孕穗抽穗期、淹没时间在 24 小时内的稻田，退水后应立即扶苗洗苗，使其尽快恢复光合作用和呼吸作用。

②科学管水。灾后要及时在田间四周开好排水沟，特别是对于低洼田一定要开沟排水，以促进根系恢复生长。对已进入

孕穗抽穗期的稻田则应保持浅水层以养胎保穗；对已齐穗灌浆的稻田要运用干湿交替的灌溉方法，切忌断水过早，以提高结实率和千粒重。

③追施肥料。刚出水的稻田要在开沟露田的同时，结合灌浅水补追一次肥料。施肥应以增施速效肥为主，根据生育期不同采用不同的施肥方法、使用不同的肥料种类和用量。对在拔节期间受淹的稻田，可采取一追一补的方法，施肥以氮为主，配合磷钾肥，宜在排水后 3 天内每亩施尿素 10~12.5 千克或复合肥 30~40 千克，后期还应补施促花肥以促大穗，每亩用尿素 4~6 千克；在水稻抽穗 20%时，为促进抽穗整齐，每亩可喷施 0.5~1 克 920；在灌浆结实期，为提高结实率和千粒重，每亩可结合喷施 0.2%磷酸二氢钾液 50~100 千克，每隔 5~7 天喷 1 次，连喷 2~3 次。

（4）补种、改种。对于因洪涝灾害导致绝收的田块，要抢时补种、改种，确保多种多收，弥补灾害损失；对晚稻苗期受淹缺苗的田块，发现缺苗要及时补齐。如大部分植株死亡，则应根据各地条件及时改种秋大豆、秋玉米、马铃薯等，以减轻损失。

（四）寒露风

寒露风是南方双季晚稻生育期的主要气象灾害之一。一般来说，如果长江中下游地区晚稻在 9 月 15 日之前、华南地区晚稻在 10 月 8 日之前不能安全齐穗，遇到连续 3 天平均气温低于 20~22℃、最低气温低于 16℃的气象条件就会出现包茎现象，造成抽穗扬花受阻、空壳率增加，结实率减少、产量下降。灌浆期遭遇“寒露风”还会造成灌浆受阻或停止，影响千粒重。如水稻抽穗扬花期遭遇低温主要会使花粉粒不能正常成熟、受精，而造成空粒；在低温条件下，抽穗速度减慢，抽穗期延长，颖花不能正常开放、散粉、受精，子房延长受阻等，因而造成不育，使空秕率显著增加。此外，灌浆前期如遭遇明显低温也会延缓或停止灌浆过程，造成瘪粒（图 5-3）。

图 5-3　寒露风威胁水稻生产

晚稻寒露风的主要应对措施如下。

（1）品种选择。在品种选择方面，选用在一般年份增产，严重寒露风年份也能成熟，而且对冬种作物生产安排有利的品种作当家品种，适当搭配其他品种。

（2）合理安排。合理安排适宜播期和插期，争取在寒露风出现前确保水稻度过安全齐穗期。

（3）以水调温。在寒露风到来时立即灌深水，尽量避免田土散失热量，减缓降温过程，待寒露风过后逐渐排浅。如果白天气温高、夜间气温低，则可以采用日排夜灌的方法保持田间温度。实践证明，灌水可提高土温 1~3℃，结实率提高 5%以上。

（4）喷施叶面肥。喷施叶面肥是目前防范“寒露风”最为有效的方法。喷施磷酸二氢钾可有效增强叶片的抗低温能力，延缓叶片衰老，有利于增强灌浆强度；适量喷施 920，则能够加快晚稻抽穗扬花，提高出穗的整齐度。可以在齐穗期用磷酸二氢钾 150~200 克、920 0. 5~1 克（贪青晚熟田块可以不用），对水 50 千克进行叶面喷施，以加速灌浆、提高结实率和千粒重。一般在傍晚喷施，以防止高温蒸发、利于叶面吸收。

第六章　收获贮藏与秸秆还田

第一节　适期收获与收获技术

一、适期收获

水稻适期收获是确保稻谷产量、稻米品质，提高整精米率的重要措施。收获太早，往往导致籽粒不饱满、千粒重降低、青米率增多、产量降低、品质变差；收割过迟，穗颈易折断、掉粒断穗增多、撒落损失过重、加工整精米率偏低、外观品质下降、商品性能降低，特别是如果早稻收割过晚，将会直接影响晚稻生产，造成晚稻秧苗秧龄过长，后期遭遇寒露风的风险增加。

（一）水稻成熟过程

（1）乳熟期。水稻开花后3~5天即开始灌浆。灌浆后籽粒内容物呈白色乳浆状，淀粉不断积累，干、鲜重持续增加，在乳熟始期，鲜重迅速增加，在乳熟中期，鲜重达最大，米粒逐渐变硬、变白，背部仍为绿色。该期手压穗中部有硬物感觉，持续时间为7~10天。

（2）蜡熟期。该期籽粒内容物浓黏，无乳状物出现，手压穗中部籽粒有坚硬感，鲜重开始下降，干重接近最大。米粒背部绿色逐渐消失，谷壳稍微变黄。此期经历7~9天。

（3）完熟期。谷壳变黄，米粒水分减少，干物重达定值，籽粒变硬，不易破碎。此期是收获时期。

（4）枯熟期。谷壳黄色褪淡，枝梗干枯，顶端枝梗易折断，米粒偶尔有横断痕迹，影响米质。

（二）收获时期

水稻含水量在20%时，整精米率最高，收获最为适宜。此时稻谷植株大部分叶片由绿变黄，稻穗失去绿色，穗中部变成黄色，稻粒饱满，籽粒坚硬并变成黄色时即可收获。据测定，水稻的最佳收获时期以完熟期为最好，此期谷壳变黄，籽粒变硬，米粒水分少且不易破碎，籽粒干物质重达最大值。完熟期的标志是：每穗谷粒颖壳95%以上变黄或95%以上谷粒小穗轴及护颖变黄，米粒定形变硬，呈透明状。这时期是水稻谷粒生理成熟的重要标志。

从生产实践上看，华南地区早稻由南到北一般在6月中下旬至7月上旬开始收割，双季晚稻在10月下旬至11月上旬开始收割；长江中下游地区早稻一般在7月中下旬进入大面积收割阶段，双季晚稻在10月中下旬开始收割。

农谚“九黄十收”，即水稻在九成熟时是收割的最佳时间，能获得十足的收成。水稻收获的最佳时期是稻谷的蜡熟末期至完熟初期，其含水量在20%~25%最为适宜。此时稻谷植株大部分叶片由绿变黄，稻穗失去绿色，穗中部变成黄色，稻粒饱满，籽粒坚硬并变成黄色。从稻穗外部形态看：95%以上的籽粒颖壳变黄，2/3以上穗轴变黄，95%的小穗轴和副护颖变黄，即黄化完熟率达95%。达到这些指标，说明谷粒已经充实饱满，植株停止向谷粒输送养分，此时要及时抢收。

在南方地区，一般早稻谷粒成熟度达到85%、双季晚稻成熟度达到90%时，应该及时抢晴收割。南方早籼稻的适宜收获期一般为齐穗后的25~30天，晚籼稻的为齐穗后的35~40天，晚粳稻的为齐穗后的40~45天。不同品种和气候条件下水稻的适宜收获期略有差异，具体还是要看田间实际长势判定。过早收获的未熟粒较多，蛋白质含量也较高，加工出的食物食味等品质下降，做出的米饭因淀粉膨胀受限而变硬；延迟收获的稻米光泽度差、脆裂多、垩白多，黏度和香味均下降。因此，生产上应该抢晴收割、及时晾晒，以使稻谷含水量达到安全贮藏的标准。

二、收获技术

传统的水稻收割方法是人工收割。近年来机械收割得到快速发展，我国水稻机械化收获水平已经超过 75%。采用人工收割方式用工量多、劳动强度大，已经越来越不适应现代水稻产业的发展；采用机械方式收割收获期短、损失小、自然落粒少、稻谷的整精米率高，同时也有利于清理田间。

（一）主要方式

水稻的收获过程一般包括收割、打捆、运输、脱粒、烘干和清选等作业过程。受不同地区生态条件、种植制度、栽培模式和经济水平等因素的限制，其收获流程也不尽相同。我国水稻收获机械化可以分为分段收获和联合收获两种。

（1）分段收割。分段收割的主要特点是先采用割晒机、割捆机等收割机械将水稻的茎基部整齐排列铺放或大捆置于田面，再根据实际情况选择田间脱粒或运到场上脱粒的收获方式。这种方式采用多种机械分别完成割、捆、运、堆垛、脱粒和清选等作业，一般使用的机械结构相对简单、成本较低，对技术掌握和使用的要求不高。但其缺点是需要大量的人力配合，劳动生产率较低、产品损失率较高，因此，目前在大规模生产上应用较少。

（2）联合收割。现阶段我国水稻联合收割机机型多、品种全。收割机按行走方式分有自走式、背负式，按底盘结构不同分有轮式、履带式，按喂入方式分有全喂入式、半喂入式和梳脱式。联合收获是采用联合收割机对水稻一次性完成切割、脱粒、分离和清选等全部作业的收获方法。其主要特点是生产效率高、劳动强度低，并有利于争抢农时、降低收获损失。

（二）机型选择

具体到某一区域，在选择水稻收获技术和机具时，必须结合当地的生态类型、技术类型与地理环境等条件进行综合考虑。南方双季稻区的气候特点是降雨量大、气温高，生产特点是田块小、难成片。这种特点决定了南方双季稻区对水稻联合收获机械的适应性和可靠性要比北方有更高的要求。

（1）对于防陷性能要求很高，接地压力必须在 0.2 千克/平方厘米以下。

（2）由于田块小，机型宜小不宜大，工作幅宽在 1.0～1.5 米。

（3）应具有相当的清选性能，湿脱湿分离性能强，以免谷粒因潮湿夹杂物发热变质。

我国目前联合收割机主要有 4 类：全喂入自走轮式联合收割机、半喂入自走式联合收割机、背负式联合收割机和全喂入自走履带式联合收割机。半喂入自走式联合收割机由于体积小、能下水田，已经逐渐成为南方双季稻区的首选机型，适合长江以南的湖南、江西、浙江、福建、广西等地的双季稻收获，而且经常用于跨区收获；全喂入自走履带式联合收割机尽管在某些性能上不尽如人意，但其价格优势得到了南方地区用户的认可，也成为南方双季水稻机收的主力机型；山区和深泥脚田地区应采用简易联合收获或分段收获方式，选用小型联合收割机、割晒机和脱粒机。

（三）技术要点

目前，机械收获在水稻生产中应用越来越广泛。为了使机手熟练掌握水稻机收作业技术，使其能更好、更科学地使用水稻收获机，在使用机械收获时应注意以下几点。

（1）收获作业前，要对水稻收获机械工作情况进行检查，及时发现和解决问题。进入正常作业期后，也要经常查看作业质量。

（2）在新机或大修后的收获机械磨合期间，作业负荷应小于标定喂入量，作业速度应慢些。磨合期后，收获机械的工作状态趋于稳定，作业负荷可以加大，速度逐步加快，以充分发挥机具的作业效率。根据稻田实际情况，对于高产和密植地块要注意减缓作业速度。

（3）一般情况下，水稻收获机械都应满幅作业，只有这样才能保证机具发挥最大工作效率。但驾驶员操作机械不熟练时，应减缓作业幅宽或速度，保证作业质量。若稻田撤水较晚，收获时田地较为泥泞、下陷严重，会使机具行走困难、负荷增大，割幅可小些，让出部分动力来保证行走；若水稻长势好、植株秆高、产量高，割幅可小些，以提高收获质量；若稻田干硬，植株矮小、稀疏，产量低，可满幅作业。

（4）割台高低主要影响割茬高低。若割茬太高，在遇到矮小秸秆时就会造成喂入脱粒困难，进而影响收获的作业效率和质量，对随后的田块耕翻质量也会有较大影响。在翌年插秧期如果稻茬不能腐烂，就会影响插秧质量，造成减产。在作业过程中，留茬太高会给后续作业造成困难，如有石块等杂物，留茬可稍高一些，但要保证把稻穗顺利喂入脱粒装置。因此，留茬尽量选择在5~10厘米，低了的话，切割器容易“吃土”，加速切割器的磨损。切割器的维护和安装要求很严格，切割器“吃土”的后果就是直接影响生产作业进度。根据收割要求，可直接将秸秆切碎并均匀抛洒于田间进行秸秆还田处理；如需保留稻草可铺放在田间，再行收回。

（5）在使用期间对收获机械进行常规技术保养是必不可少的，只有做好了保养才能使机械正常顺利运行。特别是对于发动机、切割器和夹持链等工作部件和风机等转动件，要做好保养和检查维护，及时发现故障并排除。对于各个输送通道，要定期清除杂物，使其畅通无阻，确保机械完成整个作业期的工作。

（6）掌握正确的行走路线才能使作业顺利进行，增加有效工作时间，通常情况下是先把地块的4个边界收获干净，逐渐缩小包围圈，使四边有足够的空间，这样便于其他运输车辆进地作业。遇到较大地块时，在收获完地块四边之后，也可以在地块的中间收获出一条通道，把地块分为两部分或多个部分，这样就避免了横向距离过长，增加机械顺垄作业的连续性，提高工作效率。这种四边收获法也叫反时针向心回转收割法，最后剩余窄条时可选用双边收割法。

（7）对于倒伏水稻的收获，在收获机指示盘上有收获倒伏水稻的指示按钮，将机具上的“倒伏”按钮按下，指示灯变亮，就可以进行收获作业了。要避免机具顺着水稻倒伏的方向进行作业，可采用逆割方法，即收获机前进方向与水稻倒伏方向相反；还可采用侧割方法，即收获机前进方向与水稻倒伏方向呈45°方向。在倒伏特别严重的情况下，只能采用人工辅助或人工直接收获的方法。

（8）收获后要及时把稻谷从田间运出，因为刚收获的稻谷含水率比较高，田间地面比较潮湿，稻谷装袋后在田间放置时间太长会霉变、变质，最好随收随运。运出后，有条件的可以采用烘干设备进行烘干，没有烘干设备的，要有足够大的晾晒场进行晾晒。

（9）收获机械作业结束后，要及时进行清理和保养。有些地区作业条件较为恶劣，作业时挂带的残土和杂物较多，又因收获机械的部件多为钣金件，耐腐蚀性较差，如果长时间不进行清理就会产生腐蚀，造成不必要的损失。输送装置的各个排杂口都要打开清理干净；移动件和转动件要加注黄油封闭，防止锈蚀。切割器一定要清理干净，并涂抹黄油，还要防止碰撞。机械保养维护完毕，应置放于通风干燥的机库中保存。

第二节　田间测产与稻谷贮藏

一、田间测产

（一）水稻产量构成因素及其相互关系

水稻产量分为生物产量和经济产量两种。生物产量是指水稻在生育期间生产和积累的干物质总量（不包括根系），其中有机物质占90%~95%，矿物质占5%~10%，故有机物质是形成产量的主要物质基础。经济产量是指人们收获的主产品稻谷的产量，通常所说的产量即是指经济产量。可见，水稻的经济产量是生物产量的一部分，没有高额的生物产量，就不能有高额的经济产量，生物产量是经济产量形成的物质基础。经济产量占生物产量的比重称为经济系数，水稻的经济系数为0.5左右，高于玉米（0.25~0.4）和大豆（0.3左右）等其他大田作物。

水稻的产量结构是指构成产量的各种因素，包括二因素产量结构、三因素产量结构和四因素产量结构。

二因素产量结构=单位面积有效穗数×平均穗粒重

三因素产量结构=单位面积有效穗数×平均每穗实粒数×粒重

四因素产量结构=单位面积有效穗数×平均每穗总粒数×结实率×粒重

其中，三因素产量结构比较常用。在确定实粒数、结实率和粒重等因素时，通常涉及标准问题，不同测定目的往往标准不同。一般情况下可用相对密度为1.05或1.06的盐水或泥浆水分离籽粒，沉底者即为“结实粒”。实粒数、结实率和粒重均以此结实粒测定、计算得出。在生产实践中，通常以达到饱满籽粒2/3程度者为结实粒。

一般来说，水稻产量结构诸因素之间的关系比较复杂，它们总是相互联系、相互制约的，特别是在高产水平下，一个因素的提高，总会引起其他因素不同程度下降。只有正确地处理好各因素之间的关系，使之彼此协调，乘积最大，才能实现高产。

（二）田间测产基本方法

水稻成熟期产量测定包括单块田的产量测定和一个地区多田块数、大面积的产量测定。对于生产区多稻田的测产，是在水稻收获之前，根据被测产田水稻产量构成因素的差异将其划分为不同等级，从各等级中选定具有代表性的田块作为测产对象，再将从各代表性田测得的产量，分别乘以各类田的面积，就可以估算所测地区的当季稻谷产量。

(1) 实割产量。在大面积测产中，选择有代表性的小田块2~3块，进行全部收割、脱粒、称湿谷重，有条件的可以选择送入干燥设备中烘干称重。一般情况下，根据早、晚稻收割时的天气情况，按70%~85%折算成干谷或者选取混合均匀的鲜谷1千克晒干算出折合率。还可以采用稻谷水分测定仪一次测定（水分含量低于20%的稻谷）和微波炉烘干二次称重（水分含量高于20%的稻谷），结合稻谷水分测定仪测定的方法（先准确称取100~200克的鲜谷，放入微波炉中高火处理4分钟左右，冷却至室温后称重并记录数值，再用水分仪测定处理过的稻谷含水量，计算水分含量）。并丈量选取的各田块的面积，计算出单位面积产量，平均即可。

(2) 理论产量。水稻单位面积产量是每亩有效穗数、每穗平均实粒数和粒重的乘积。对这三个因子进行调查测定就可以计算出其理论产量。

选好测产田后，即可取样调查，根据田块大小及田间生长状况选取取样点。取样点要求具有代表性和均匀分布。常用的取样方法有五点取样法、八点取样法和随机取样法等。当被测田块肥力水平不均、稻株个体差异大时，则采取按比例不均等设置取样点的方法（图 6-1）取样。

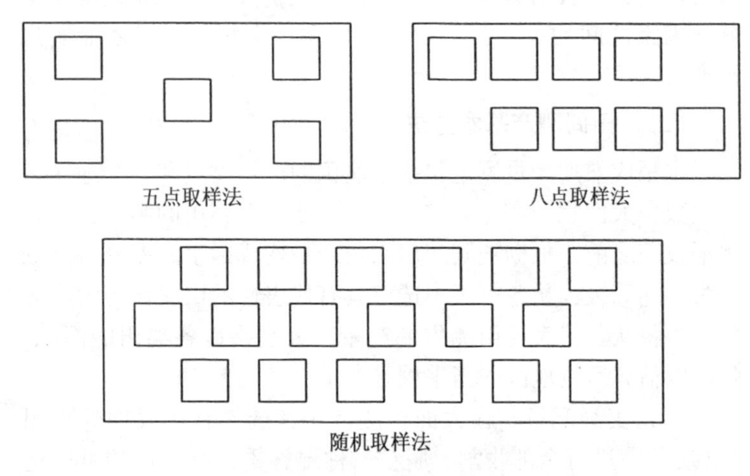

图 6-1　取样方法示意图

确定取样点后，按照下列步骤进行调查。

①求每亩穴数。测定实际穴、行距，在每个取样点上，测量 11 穴稻的横、直距离，分别除以 10，求出该取样点的行、穴距，再把各样点的数值进行统计，求出该田的平均行、穴距，则求得：

每亩实际穴数=667 平方米/［平均行距（米）×平均穴距（米）］

②调查平均每穴有效穗数，计算每亩穗数。在每个样点上连续取样 10~20 穴（每亩田一般共调查 100 穴），记录每穴有效穗数（杂交稻具有 10 粒、常规稻具有 5 粒以上结实谷粒的稻穗才算有效穗），统计出各点及全田的平均每穴穗数，则求得：

每亩穗数=每亩实际穴数×每穴平均穗数

③调查代表穴的实粒数，求每穗的实粒数。在3~5个样点上，每点选取2~3穴穗数接近该点的平均每穴穗数的稻穴，数记各穴的平均每穗总粒数，统计每穴的平均实粒数（可以将有效穗脱去谷粒，投入清水中，浮在水面的谷粒为空粒，沉在水底的为实粒），以每穴的总实粒数除以总穗数，得出该点的平均每穗实粒数，各点平均则得出全田平均每穗实粒数。即：

每穗实粒数=每穴总实粒数/每穴有效穗数

④理论产量的计算。根据穗数、粒数调查结果，再按品种及谷粒的充实度估计粒重。一般每千克稻谷34 000~44 000粒。

每亩产量（千克）=（每亩穗数×每穗实粒数）/每千克稻谷粒数

也可以参考该品种的常年千粒重数值或将各点实粒供干称其千粒重，按照下式推算产量：

每亩产量（千克）=［每亩穗数×每穗实粒数×千粒重（克）］/10^{-6}

二、稻谷贮藏

（一）稻谷的藏特点

稻谷在贮藏期间保持微弱的呼吸作用，同时呼吸产生的热量和产物不能在种子堆中积累，这样才可以保证长期的安全贮藏。种子的呼吸强度和水分、温度有密切关系，如水分大，温度高，呼吸作用就显著增强，甚至引起发热霉变。稻谷贮藏的主要特点如下。

（1）稻谷籽粒具有完整的内外颖。稻谷籽粒具有的这种特点能够对易于变质的胚乳部分进行保护，对虫、霉、湿、热有一定的抵御作用，使得稻谷相对于一般的成品粮易于贮藏。

（2）稻谷一般没有明显的后熟期。稻谷一般在收获时就已经生理成熟，具有发芽能力。稻谷萌芽所需的吸水量低，如收割时遭遇连阴雨，未能及时收割、脱粒、整晒，那么稻谷在田间、场地就会发芽；保管中的稻谷，如果结露、返潮或漏雨时，也容易生芽；稻谷脱粒、整晒不及时，连草堆垛，容易沤黄。生芽和沤黄的稻谷，品质和保管稳定性都大为降低。

（3）不耐高温，易陈化。稻谷的胶体组织较为疏松，对高温的抵抗力很弱，在烈日暴晒或高温下烘干，均会增加爆腰率和变色，降低食用品质、工艺品质和加工后大米质量。高温还可导致稻谷脂肪酸值增加，品质下降。水分含量与贮藏温度越高，脂肪酸值上升越明显，而水分低的稻谷对高温有较强的抵抗力。稻谷在贮藏过程中，特别是经历高温后，其陈化还表现在酶活性降低、黏性下降、发芽率降低、盐溶性氮含量降低、酸度增高、口感和口味变差等。稻谷即使没有发热，随着保管时间的延长，也会出现不同程度的陈化现象。

（4）易发热、结露、生霉、发芽。新收获的稻谷生理活性强，稻谷入仓后积热难散，在1~2周内粮堆表层粮温往往会突然上升，超过仓温10~15℃，即使水分正常的稻谷，也常出现此种现象。稻谷发热的部位一般从粮堆内水分高、杂质多、湿度偏高的部位开始，然后向四周扩散，逐步蔓延至全仓。杂质多的粮食或杂质聚积区（特别是有机杂质多的区域）含水量高，带菌量大，孔隙度小，所以易发热。地坪的返潮或仓墙裂缝渗水以及害虫的大量繁殖、为害（特别是谷蠹严重时），都会造成发热。在所有这些因素中，高水分引起的微生物大量繁殖，是发热的主要原因。由于稻谷发芽所需的水分较低（23%~25%），且后熟期较短，因此在粮堆结露、发热未及时发现与处理时，有可能出现稻谷发芽，发过芽的稻谷，其部分营养成分已被分解，贮藏稳定性也大为降低，即使经干燥处理，也不宜再进行贮藏。

（5）易黄变。稻谷除在收获期遇阴雨天气，未能及时干燥，使粮堆发热产生黄变外，贮藏期间也会发生黄变，这主要与贮藏时的温度和水分有关。试验证明，粮温是引起稻谷黄变的重要因素，水分则是另一不可忽视的原因。粮温与水分相互影响、相互作用，一起促进黄变的发展，粮温越高，水分越大，贮藏时间越长，黄变就越严重。在贮藏期间，水分为14%的稻谷发热3次，黄粒米可达20%；水分在17%以上，发热3~5次，黄粒米可达80%以上。黄变无论在仓内、仓外均可发生，稻谷含水量越高，发热次数越多，黄粒米越高，黄变也越严重。在北方一些地区稻谷成熟时，有时会遇到连阴雨天，农民又多忙于收割，但收割的稻谷不能及时脱粒、干燥，以致稻谷也会发生严重的黄变。

（二）不同温度条件下稻谷贮藏的安全水分标准

严格控制入库稻谷的水分，使其符合安全水分标准，是确保稻谷安全贮藏的首要条件。稻谷的安全水分标准随种类、季节和气候条件来确定。不同温度条件下稻谷贮藏的安全水分界限标准是：30℃左右，早籼稻13%以下，中、晚籼稻13.5%以下；早、中粳稻14%以下，晚粳稻15%以下。20℃左右，早籼稻14%左右，中、晚籼稻14.5%左右；早、中粳稻15%左右，晚粳稻16%左右。10℃左右，早籼稻15%左右，中、晚籼稻15.5%左右；早、中粳稻16%左右，晚粳稻17%左右。5℃左右，早籼稻16%以下，中、晚籼稻16.5%左右；早、中粳稻17%以下，晚粳稻18%以下。

（三）稻谷贮藏的几种方法

（1）常规贮藏。常规贮藏是基层粮库普遍采用的一般保管稻谷的方法。即在稻谷入库到出库的整个贮藏期间内采取6项主要措施来实施，包括控制稻谷水分、清除稻谷杂质、稻谷分级贮藏、稻谷通风降温、防治稻谷害虫和密闭稻谷粮堆。

①控制稻谷水分。严格控制稻谷入库水分，使其符合安全

水分标准。稻谷的安全水分标准，应根据品种、季节、地区、气候条件综合考虑。一般籼稻谷在13%以下，粳稻谷在14.5%以下。

②清除杂质。稻谷中的有机杂质（如稗粒、杂草、瘪粒、穗梗、叶片、糠灰等），入库时由于自动分级作用，很容易聚集在粮堆的某一部位，形成杂质区。入库前要进行风扬、过筛或机械除杂，使杂质含量降低到最低，提高稻谷的贮藏稳定性。通常稻谷中的杂质含量在0.5%以下，就可提高稻谷的贮藏稳定性。

③分级贮藏。入库稻谷要按品种、好次、新陈、干湿、有虫无虫分开堆放，分仓贮藏。种子粮还要按品种专仓贮存，避免混杂，以确保种子的纯度和种用价值。出糙率高、杂质少、籽粒饱满的稻谷要与出糙率低、杂质多、籽粒不饱满的稻谷分开堆放；新粮与陈粮严格分开堆放，防止混杂，以利商品对路供应并确保稻谷安全贮藏；按照稻谷干湿程度（水分高低）分开堆放，保持同一堆内各部位稻谷的水分差异不大，避免堆内因水分扩散转移引起的结露、霉变现象；有虫的稻谷与无虫的稻谷要分开贮藏。

④通风降温。稻谷入库后要及时通风降温，缩小粮温与外温或粮温与仓温的温差，防止结露。可采用离心式通风机、通风地槽、通风竹笼或存气箱等通风设施在9—10月、11—12月和翌年1—2月分3个阶段，利用夜间冷凉的空气，间歇性进行机械通风，能使粮温从33～35℃，分阶段依次降低到25℃左右、15℃左右和10℃以下，有效防止稻谷发热、结露、霉变、生芽，确保安全贮藏。

⑤防治害虫。稻谷入库后，特别是早、中稻入库后，容易感染储粮害虫，造成较大的损失。入库后要及时采取有效措施全面防治害虫。通常采用防护剂或熏蒸剂进行防治，以预防害虫感染，杜绝害虫为害或使其为害程度降低到最低限度，从而

避免稻谷遭受损失。

⑥密闭粮堆。完成通风降温与防治害虫工作后，在冬末春初气温回升以前、粮温最低时，要采取有效办法压盖粮面密闭贮藏，保持稻谷堆处于低温（15℃）或准低温（20℃）状态，减少虫霉为害，保持品质，确保安全贮藏。常用密闭粮堆的方法有 3 种，一是全仓密闭，将仓房门窗与通风道口全部关闭并用塑料薄膜严格密封门窗与通风道口的缝隙；二是塑料薄膜盖顶密闭，将已热合黏结成整块的无缝无洞的塑料薄膜覆盖在已扒平的粮堆表面，再将塑料薄膜四周嵌入仓房墙壁上的塑料槽、木槽或水泥槽内，然后在槽内压入橡胶管或灌满蜡液，使其严格密闭；三是草木灰或干河沙压盖密闭，一般只适宜在农村小型粮库采用。先在稻谷堆上全面覆盖一层细布、塑料薄膜或一面糊了报纸的篾席，再用较宽的胶带将上述覆盖材料与四周仓壁紧密相连，然后在覆盖物上面均匀地压盖一层 10～12 厘米厚且已冷凉干燥的草木灰或 5～6 厘米厚的干河沙，并做到压盖得平、紧、密、实，以确保效果，实现安全贮藏。

（2）“双低”贮藏。“双低”贮藏一般是指低氧贮藏、低药熏蒸两项贮藏技术同时用于保管稻谷的方法。

（3）“三低”贮藏。“三低”贮藏一般是指低氧贮藏、低药熏蒸和低温贮藏 3 项贮藏技术先后综合用于保管稻谷的方法。

（4）高水分稻谷特殊贮藏。高水分稻谷在未充分干燥以前，要采用特殊的方法保管，才能防止发热、霉变、生芽。常用的方法有两种：通风贮藏、低温贮藏。

（5）低温贮粮。自然低温贮粮、地下贮粮、机械制冷低温贮粮（包括制冷机、空调、谷物冷却机等）是国库比较常用的低温贮粮技术，虽然使用效果明显，但成本较高。

（6）气调贮藏。包括自然缺氧贮藏、人工充氮贮藏、人工充二氧化碳贮藏、脱氧贮藏、真空贮藏等技术。

第三节　秸秆处理与还田技术

一、秸秆还田

（一）主要方法

1. 田间焚烧

焚烧是最原始的处理秸秆的方法，但焚烧秸秆往往造成严重的大气污染，危害人体健康，同时也破坏了土壤结构，造成农田质量下降。目前，很多地方已经命令禁止焚烧秸秆。

2. 腐熟沤制

腐熟沤制是处理农作物秸秆最为常见的方法，有加水自然沤制和加发酵菌促熟两种。腐熟后的物质可以作农家肥使用。其缺点是处理时间较长。

3. 秸秆还田

稻谷收获后，趁秸秆内仍有一定水分的情况下，利用秸秆还田机对秸秆进行处理，再配合一定的氮肥，可加速秸秆腐化。腐化好的秸秆可以用作下茬作物的肥料。目前，秸秆还田已在农村推广使用，其缺点是腐熟较慢，秸秆发酵过程中有可能会损害作物根部，但这仍是目前秸秆利用中较好的方法，它能增加土壤有机质、改良土壤结构，使土壤疏松、孔隙度增加、容量减轻、促进微生物活力和作物根系的发育。

4. 增值处理

水稻秸秆可以作为一种新能源和工业原料，例如秸秆汽化、碳化等，还可以用于食用菌生产、用作菌类的培养基等。

（二）秸秆还田注意事项

（1）控制秸秆直接还田数量。秸秆直接还田数量一般以每亩 100~150 千克干秸秆或 350~500 千克湿秸秆为宜。

（2）化学除草时要适当提高有效剂量。秸秆直接还田相应地加快了除草剂等在土壤中的降解速度，缩短了药剂的持效期。因此，实施化学除草时，其有效施用剂量应适当提高。

（3）适当补充土壤水分。水分充足，是保证微生物分解秸秆的重要条件，秸秆还田后因土壤更加疏松，需水量更大，因此要保证稻田有充足的水分，以利于秸秆充分腐熟分解。

（4）科学增施氮肥。水稻秸秆中的碳氮比为 75∶1，而土壤微生物分解有机物需要的碳氮比为 25∶1，表明水稻秸秆直接还田后需要补充大量的氮肥。否则，微生物分解秸秆就会与作物争夺土壤中的氮素与水分，影响作物正常生长。因此，秸秆还田后要及早增施氮肥，保证秸秆还田发挥效果。

二、综合利用

秸秆还田是水稻生产保护性耕作技术的关键技术措施之一。据专家分析，每 100 千克鲜秸秆中以实物量折算，相当于尿素 3.5 千克、钙镁磷肥 1.2 千克、氯化钾肥 3.6 千克。

（一）早稻秸秆直接还田技术

（1）及时还田。为减少稻草的水分损失，以利腐解，水稻收割后应立即将稻草耕翻入土。同时，加强农田肥水管理，做到浅灌水、勤灌水，防止养分流失（图 6-2）。

（2）适量还田。一般稻草还田量为 50%~70%。对于肥力低的田块、还田后距插秧期近的田块，稻草用量宜少些；对于肥力高的田块、还田后距插秧期较远的田块，可以增加还田用量。

（3）翻耕还田。为了使稻草与泥土充分混匀，在保持田间持水量 60%的状态下，对土壤进行翻耕、耙碎、耙平。

（4）增施氮肥。结合测土配方施肥，基肥中适当增施 10%的氮肥，以补充秸秆分解、腐烂时微生物活动消耗的氮

图 6-2　水稻秸秆还田

素，满足秸秆分解、腐烂的养分需求。

（5）加快腐解。为了加快稻草腐解速度，可使用秸秆腐熟剂。每亩用秸秆腐熟剂 2.5~3 千克，拌干细土 50 千克，均匀撒于田间。施用时田面应保持水层 2~3 厘米。此外，为了中和秸秆腐解过程中产生的有机酸，可配合施用适量的石灰。

（6）合理灌溉。栽插晚稻秧苗后，水深不宜超过 5 厘米。秧苗返青后应立即采用浅水勤灌的湿润灌溉法，使后水不见前水，以便土壤的气体交换和释放有害气体。

（二）晚稻秸秆高留桩还田技术

水稻秸秆高留桩直接还田，就是在机械收割时，选留高粧 40~60 厘米，采用机械化旋耕将秸秆压入泥土内。在技术环节上主要把握以下几点。

（1）高留稻桩。施用秸秆腐熟剂和氮肥。稻粧以留 40~60 厘米为宜，同时每亩用秸秆腐熟剂 2 千克和尿素 3~5 千克拌匀后撒施。

（2）灌水保湿。为确保腐熟效果，稻田以灌跑马水为宜，保证田间湿润。

（3）旋耕翻压。采用旋耕机械将水稻秸秆全部翻压在泥土中，以不露稻桩为宜。

（4）控制病菌。严禁将带病菌（如白叶枯病）的水稻秸秆直接还田，以防止病害进一步蔓延。

（三）秸秆炭化还田

秸秆回收并在高温无氧条件下进行炭化，制成生物炭直接还田或与肥料配比加工成炭基缓释肥还田。生物炭含碳量高，理化性质稳定，还田后可直接实现碳素固定与封存。研究表明，将生物质转化为生物炭后还田比单纯的能源化利用的减排能力高 22%~27%，更显著高于饲料化、基料化等其他应用方式；生物炭孔隙结构丰富、吸附性能好，进入土壤后可以显著提高化肥利用率，有效减少了氮氧化物等温室气体排放，消减了养分淋溶损失导致的农业二次污染。

（四）秸秆能源

生物质是仅次于煤炭、石油、天然气的第四大能源，在世界能源总消费量中占 14%。我国每年农作物秸秆资源量占生物质能源量的近一半，农作物秸秆能源转化的主要方式是秸秆气化。除气化以外，秸秆还可以用来加工压块燃料、制取煤气等。

（五）秸秆还田

农作物秸秆还田是补充和平衡土壤养分、改良土壤的有效方法，是高产量建设的基本措施之一。秸秆还田后，平均每亩增产幅度在 10%以上。

（六）秸秆饲料

秸秆富含纤维素、木质素、半纤维素等非淀粉类大分子物质。作为粗饲料，其营养价值低，必须进行加工处理。处理方法有物理法、化学法和微生物发酵法。经过物理和化学法处理的秸秆，其适口性和营养价值都大大改善，但仍不能为单胃动物所利用。秸秆只有经过微生物发酵，通过微生物代谢产生的特殊酶的降解作用，将其纤维素、木质素、半纤维素等大分子物质分解为低分子的单糖或低聚糖，才能提高营养价值，提高其利用率、采食率及采食速度，增强口感性，增加采食量。秸秆饲料的主要加工技术有直接粉碎饲喂技术、青贮饲料机械化技术、秸秆微生物发酵技术、秸秆高效生化蛋白全价饲料技术、秸秆氨化技术、秸秆热喷技术。

第七章　农机运用与维护

第一节　机具类型与作业要求

一、水稻机械化发展情况

（一）总体情况

随着工业化、城镇化的快速发展，农村青壮年劳动力大量转移，农业劳动力老龄化、妇幼化趋势明显，机械化生产成为我国现代稻作技术的主要发展目标。根据农业部制订的《水稻生产机械化十年发展规划（2006—2015年）》的要求，到2015年水稻栽植机械化水平达到45%，水稻收获机械化水平达到80%，水稻耕种收综合机械化水平超过80%。

2012年，我国水稻耕种收综合机械化水平超过65%，但比小麦和玉米分别低28个百分点和6.5个百分点，特别是在水稻种植环节，尽管近年来在国家农机具购置补贴等政策的支持下，水稻种植机械化得到快速发展，但2012年机械化种植水平也仅为30%左右，相对于耕作机械化90%和收获机械化70%的水平，机械化种植环节成为制约我国水稻全程机械化生产发展的“瓶颈”。

从品种类型看，常规稻机插秧发展相对较好；机插秧用种量较大，而杂交稻种子价格较高，因此受成本制约，杂交稻机插秧技术应用和发展相对较慢。

从生产季节看，由于我国水稻机插秧主要采用中小苗机插技术，秧苗在2.5~3.5叶期机插较为适宜，双季晚稻机插秧秧龄应控制在12~15天，但目前非机插秧秧龄一般在30天左右，因此，受现有品种生育期限制及大苗机插效果差的影响，双季晚稻机插秧应用比例极低，且产量不高。

（二）南方双季稻区水稻机械化发展情况

南方双季稻区分为长江流域双季稻区和华南双季稻区两种类型。长江流域双季稻区包括湖南、江西以及湖北、安徽的部分地区，华南双季稻区包括福建、广东、广西、海南等沿海省（自治区）。区域内丘陵山区所占比重较高，社会经济发展存在较大差异，水稻机械化特别是机械化种植环节推广难度很大。据农业部统计，2011年江西、湖南、湖北、安徽、福建、广东、广西的水稻机械种植水平分别为13.00%、6.28%、26.59%、18.54%、5.24%、5.91%和10.10%，均低于全国平均水平。

2011年，安徽省水稻机械化种植面积达624.4万亩，其中机插秧面积527万亩，机械化种植水平达到18.4%；湖南省早稻、中稻和一季晚稻、双季晚稻机插秧面积分别为138.26万亩、69.22万亩和103.72万亩，总计311万亩，仅占该省水稻面积的4.8%；江西省农机部门预计机插秧面积650万亩，占全省水稻种植面积的13%；湖北省水稻机插面积686万亩，机插秧水平达到22.5%。

2012年，中央财政首次安排1亿元专项资金，对湖南、江西、广东、广西四省（自治区）开展早稻集中育秧进行补助，每亩秧田补助800元，以提高育秧质量，提高早稻机械化栽插水平。据农业部统计，2012年中央财政补贴的4个省（自治区）完成早稻机插秧913万亩，比2011年增加380万亩。

（三）存在的主要问题

（1）机插环节。由于机插秧具有用种量大、育秧要求高、秧苗素质差、缓苗时间长等特点，导致杂交稻机插秧的增产优势不能得到发挥，限制了其应用推广。机械化栽插环节是制约双季稻全程机械化发展的“瓶颈”。要发展这一问题主要是要解决机插秧双季稻培育壮秧难、保证基本蔸和基本苗难、育秧和机插成本高、机插早稻早发难、机插晚稻生育期偏紧等关键问题。

（2）机收环节。目前，水稻机收损失在3%~5%，高的可达8%以上。由于大面积生产中品种差异带来的成熟期差异，连片收获常导致割青减收严重。长江中游双季稻区早晚季衔接很紧，机械粉碎稻草对促进稻草还田、双季晚稻早发等十分重要。但目前机收中还难以做到稻草机械粉碎，不利于稻草还田和稻草腐烂。

（3）整地环节。机插秧对整地要求高，要求田平、底实、地表无残茬、泥脚较浅。但由于农事季节紧张，耕整地集中，特别是农机手只考虑作业效率和效益，耕整地质量很难保证。此外，机插秧时追求立苗整齐易导致栽插较深，尤其是在田土较糊的情况下，机插秧栽插较深容易出现坐蔸晚发。旋耕作业基本上都是浅旋耕，长此以往，容易导致耕作层变浅。

（4）田间管理。目前，大田管理环节的配套机械及技术仍不完善，施肥、喷药等机械化水平很低，仅有少量应用且集中在农垦等规模化经营程度较高的地区。双季稻区病虫防治的农药喷洒器械主要以人工背负式喷洒和高压喷洒两种类型为主，农药用量大、精确度低、防治效果不理想，迫切需要自走式水稻精量农药喷洒机及病虫高效防治技术，提高农药喷洒精确度，减少农药用量，提高防治效果。

二、农机具类型

水稻生产机械化主要包括耕整地机械、育苗机械、种植（插秧）机械、植保机械、收获机械等。水稻生产机械化的关键环节是生产全过程的“一头一尾”，即机械化栽植和收获。

水稻栽植技术基本分为直播和移栽两大类。直播有旱直播和水直播，水直播又分为干谷直播和芽谷直播；移栽分为深栽和浅栽，浅栽又分为有序浅栽和无序浅栽两种基本形式。深栽机有插秧机和高速插秧机，有序浅栽机有精密抛秧机、播秧机、摆秧机和摆栽机等。

水稻机械化收获技术和机具也是多样化的，从技术角度讲，主要有分段收获和联合收获，以联合收获为主。联合收割机基本上分为全喂入式、半喂入式和梳脱式3类。

全喂入联合收割机通用性强，但收获水稻尤其在南方多熟制地区存在潮湿脱粒分离效果不好、动力消耗较大和夹带损失偏高等问题，但西方国家大多用这种机型。半喂入联合收割机收获水稻适应性强，日本、韩国多采用这种机型，但结构复杂，成本偏高。梳脱联合收割机动力消耗小，效率高，成本低，但损失率、破碎率、适应性和可靠性等问题还未完全解决。

北方地区田块较大，水稻机械化程度较高。近年双排插秧的插秧机、钵苗插秧机进入了生产准备阶段；有序浅栽的摆秧机、播秧机、精密抛秧机结构、功能逐渐完善，技术日渐成熟；锥盘式抛秧机已有多点生产。

三、作业要求

（一）整地准备

水稻机插前耕整地质量要求做到“平整、洁净、细碎、沉实”。耕整深度均匀一致，田块平整，地表高低落差不大于3厘米；田面洁净，无残茬、无杂草、无杂物、无浮渣等；土层下碎上糊，上烂下实；田面泥浆沉实达到泥水分清，沉实而不板结，机械作业时不陷机、不壅泥。

北方稻区稻田耕作采用翻地和旋耕相结合的耕作方法，提倡采用大型拖拉机配套铧式犁或圆盘犁进行秋翻耕，耕翻深度20~25 厘米。春季整地采用旋耕机进行旱耕或湿润耕作，旋耕深度 14~16 厘米，要求深浅一致。耕作与秸秆还田相结合，有条件的地区提倡采用保护性耕作技术。机插前放水泡田，旋耕整地，采用平地打浆机、水田耙等耙地机具平整田面。稻田打浆整平后需沉淀，一般沙壤土沉淀 0. 5~1 天，黏土沉淀 2~3 天，部分泥浆田需沉淀 3~5 天。机插时泥脚深度小于 30 厘米，田面水层保持 2~3 厘米。翻耕或旋耕应结合施用有机肥及其他基肥，使肥料翻埋入土，或与土层混合。

（二）播种育秧

根据生产状况选择适宜的机插育秧模式和规模，尽可能集中育秧。北方稻区有条件的地区应采用工厂化育秧或大棚旱地育秧，也可采用中棚旱地育秧。根据水稻机插时间适期播种，北方稻区一般于 4 月上中旬播种，机插秧秧龄 30~35 天。提倡用浸种催芽机集中浸种催芽，根据机械设备和种子发芽要求设置好温度等各项指标，催芽做到“快、齐、匀、壮”。

育秧尽可能采用机械化精量播种，可选用流水线育秧播种或轨道式精量播种机械。有条件的地区提倡流水线播种，直接完成装土、洒水（包括消毒、施肥）、精密播种、覆盖表土。根据插秧机栽插行距选择相应的规格秧盘，提倡使用钵形毯状秧盘，实现钵苗机插。秧盘播种洒水须达到秧盘的底土湿润，且表面无积水，盘底无滴水，播种覆土后能湿透床土。播前做好机械调试，确定适宜的种子播种量、底土量和覆土量，秧盘底土厚度一般 2. 2~2. 5 厘米，覆土厚度 0. 3~0. 6 厘米，要求覆土均匀、不露籽。

播种量根据品种类型、季节和秧盘规格确定。北方稻区常规粳稻播种量标准是宽行（30 厘米行距）秧盘一般 110~130 克/盘，每亩 35~40 盘，杂交稻可根据品种生长特性适当减少播种量；窄行（25 厘米行距）秧盘按宽行（30 厘米行距）秧盘的面积作相应的减量调整。播种要求准确、均匀、不重不漏。

秧苗要求：适宜机插秧的秧苗应根系发达、苗高适宜、茎部粗壮、叶挺色绿、均匀整齐，秧根盘结不散。一般北方稻区单季稻叶龄3.1~3.5叶，苗高12~18厘米，秧龄30~35天。

（三）机械插秧

机械化插秧的作业质量对水稻的高产、稳产影响至关重要。作业质量要求如下。

（1）漏插。指机插后插穴内无秧苗，漏插率≤5%。

（2）伤秧。指秧苗插后茎基部有折伤、刺伤和切断现象，伤秧率≤4%。

（3）漂秧。指插后秧苗漂浮在水（泥）面，漂秧率≤3%。

（4）勾秧。指插后秧苗茎基部呈90°以上的弯曲，勾秧率≤4%。

（5）翻倒。指秧苗倒于田中、叶梢部与泥面接触，翻倒率≤3%。

（6）均匀度。指各穴秧苗株数与其平均株数的接近程度，均匀度合格率≥85%。

（7）插秧深度一致性。一般插秧深度在10~35毫米（以秧苗土层上表面为基准）。

（四）植保作业

在田间进行实际操作时应该掌握要领根据风向确定作业行走路线。首先要根据风力确定有效喷幅和行走方向。行走方向与风向垂直，最小夹角不小于45°。喷雾作业时要保持人体处于上风方向喷药，实行顺风；隔行喷雾时严禁逆风喷洒农药；为保证喷雾质量和药效，在风速过大（大于5米/秒）和风向多变不稳定时不宜进行喷雾作业。

（五）田间管理

（1）肥水管理。一般有机肥料和磷肥用作基肥，整地前可采用撒肥机等施肥机具施入，经耕（旋）耙施入土中。机插后活棵返青期一般保持1~3厘米浅水，秸秆还田田块在栽后2个叶龄期内应有2~3次露田，以利还田秸秆在腐解过程中释放产生的有害气体；之后结合施分蘖肥建立2~3厘米浅水层。全田茎蘖数达到预期穗数80%左右时，采用稻田开沟机开沟，及时排水搁田；通过多次轻搁，使土壤沉实不陷脚，叶片挺起，叶色显黄。拔节后浅水层间歇灌溉，促进根系生长，控制基部节间长度和株高，使株型挺拔、抗倒，改善受光姿态。开花结实期采用浅湿灌溉，保持植株较多的活根数及绿叶数，提高结实率与粒重。

（2）防治杂草。在机插前1周内结合整地，施除草剂一次性封闭灭草，施药后保水3~4天。机插后1周内根据杂草种类结合施肥施除草剂，施药时水层3~5厘米，保水3~4天；有条件的地区在机插后2周采用机械中耕除草，除草时要求保持水层3~5厘米。

（3）防治病虫害。根据病虫测报，对症下药，控制病虫害发生。提倡使用高效、低毒农药和精准施药，减少污染。建议飞机航化防治稻瘟病、稻飞虱等病虫害，辅以大型喷杆式植保机械。也可采用车载式、担架式及喷杆式植保机械等装备。

（六）适时收获

当水稻多数稻穗变黄，粳稻95%以上籽粒转黄时收割，防止割青。根据不同地块选择合适的收获机械，在晴好天气，及时收割。联合收获应在露水基本消失后作业；分段收获应在完熟前4~5天收割，适时脱粒。

建议选用带茎秆切碎和抛洒装置的收获机具作业，便于秸秆还田和埋茬。作业前要对收获机具进行检查、调整和保养，保证机械技术状态良好。同时，做好清除田间异物、根据收割方式开出作业前收割道等准备工作。

北方稻区水稻在霜前可以用全喂入或半喂入联合收获机联合收获，或采用机械割晒、机械脱粒等分段收获。田间留茬高度不超过 20 厘米。当稻谷水分降至 16%左右时，提倡使用大型全喂入联合收割机收获，要求脱粒干净。

全喂入水稻联合收割机总损失率≤3%，破碎率≤2%；半喂入水稻联合收割机总损失率≤2. 5%，破碎率≤0. 5%；割晒机收割的水稻要求铺放整齐、位置正确、无漏割，损失率<1%；脱粒机脱净率>99%，破碎率<1%；脱扬机清洁率>98%。

稻谷收获后应及时用谷物烘干机烘干或晾晒至标准含水量（粳稻在 14. 5%以内），谷物烘干机可根据水稻生产规模进行配置。

四、合理配备农机具

合理配备农机具首先要掌握几个基本原则。

（1）地域适用性原则。首先要明确水稻种植面积，其次要根据当地水田的地形条件、田块大小、集中连片程度、土壤质地、田间道路、供水渠网等情况综合考虑农机具的选择与配套。

（2）使用可靠性原则。水稻生产具有很强的季节性，特别是南方双季稻区还突出存在“抢收早稻、抢种晚稻”“双抢”问题，这更加要求各个环节的农机具运转要可靠，质量要有保障。

（3）配套完整原则。要求各个作业环节之间所需要的设备在数量上有合理的搭配比例，形成完整的生产能力。

（4）经济实用性原则。同一种农机具，市场上可供选择的机型多种多样，性价比也有很大差别，在保证其可靠性和适用性的前提下，要考虑机具的经济实用性，没必要过分追求机具的自动化、多功能化。

以长江中下游地区规模经营主体采用双季早稻工厂化育秧机插秧种植模式作为参考，对常见经营规模推荐农机配置如下。

①50~100 亩。推荐配置 50 马力* 拖拉机 1 台、旋耕机 1 台、15 马力手扶拖拉机 1 台、播种机 1 台、插秧机 1 台、喷雾机 3 台。

②100~300 亩。推荐配置 50~70 马力拖拉机 1 台、旋耕机 1 台、15 马力手扶拖拉机 1 台、播种机 1 台、高速插秧机 1 台、喷雾机 3 台、35 马力以上的半喂入联合收割机或 55 马力以上的全喂入联合收割机 1 台。

③300~500 亩。推荐配置 50~70 马力拖拉机 1 台、旋耕机 1 台、15 马力手扶拖拉机 2 台、育秧设备 2 套、高速插秧机 2 台、喷雾机 10 台、35 马力以上的半喂入联合收割机和 55 马力以上的全喂入联合收割机各 1 台。

④500~2 000 亩。推荐配置 50~70 马力拖拉机 2 台、旋耕机 2 台、15 马力手扶拖拉机 4 台、育秧设备 2 套、高速插秧机 2 台、喷雾机 10 台、35 马力以上的半喂入联合收割机和 55 马力以上的全喂入联合收割机各 1 台。

⑤2 000~5 000 亩。推荐配置 50~70 马力拖拉机 4 台、旋耕机 4 台、15 马力手扶拖拉机 8 台、育秧设备 4 套、高速插秧机 4 台以上、喷雾机 20 台、35 马力以上的半喂入联合收割机和 55 马力以上的全喂入联合收割机各 2 台。

⑥5 000 亩以上。推荐配置 50~70 马力拖拉机 6 台、旋耕机 6 台、15 马力手扶拖拉机 10 台、育秧设备 6 套、高速插秧机 6 台以上、喷雾机 20 台、35 马力以上的半喂入联合收割机和 55 马力以上的全喂入联合收割机各 3 台。

---

* 马力为非法定计量单位，1 马力≈735 瓦

第二节　农机具的使用与维护

一、插秧机的使用与维护

（一）主要技术特点

（1）基本苗、栽插深度、株距等指标可以量化调节。插秧机所插基本苗由每亩所插的穴数（密度）及每穴株数所决定。根据水稻群体质量栽培扩行减苗等要求，插秧机行距固定为30厘米，株距有3挡调整，可达到每亩1.4万穴、1.6万穴、1.8万穴的栽插密度。通过调节横向移动手柄（3挡或4挡）与纵向送秧调节手柄（10挡）来调整所取小秧块面积(每穴苗数)，使每亩基本达到5万~8万株秧苗，同时插秧深度也可以通过手柄方便的调节，能充分满足农艺要求。

（2）具有液压仿形系统，提高水田作业稳定性。插秧机可以随着水田表面及硬底层的起伏，不断调整机器状态，保证机器平衡和插秧深度一致。同时随着土壤表面因整田方式而造成的土质硬软不同的差异，保持船板一定的接地压力，避免产生强烈的壅泥排水而影响已插秧苗。

（3）机电一体化程度高，操作灵活自如。目前的高性能插秧机，大多是在引进国外先进成熟技术的基础上，进行优化设计并合资开发生产的，大量采用了自动控制和机电一体化技术，充分保证了机具的可靠性、适应性和操作灵活性。

（4）作业效率高，省工、节本、增效。手扶式插秧机的作业效率最高可达4亩/小时，乘坐式高速插秧机最高为7亩/小时。在正常作业条件下，手扶式插秧机的作业效率一般为2.5亩/小时，乘坐式高速插秧机为5亩/小时，均远远高于人工栽插的效率。

（二）田间作业技术要领

插秧前要对插秧机进行一次全面的检查调试，以确保插秧机能够正常工作。并要根据大田的肥力、水稻品种等，对插秧株距、插秧深度、每穴秧苗株数进行检查和调整。插秧前应先检查调试插秧机，调整插秧机的栽插株距、取秧量、深度，转动部件要加注润滑油，并进行5~10分钟的空运转，要求插秧机各运行部件转动灵活，无碰撞卡滞现象，以确保插秧机能够正常工作。装秧苗前须将秧箱移动到导轨的一端，再装秧苗，避免漏插。秧块要紧贴秧箱，不拱起，两片秧块接头处要对齐，不留间隙，必要时秧块与秧箱间要洒水润滑秧箱面板，使秧块下滑顺畅。

（1）插秧的株距、深度、株数的调整。

①株距调整。根据水稻品种、秧苗大小、大田肥质，确定插秧的株距。株距通过株距调节手柄进行调整，一般有3个挡位，标有70、80、90，对应的株距为147毫米、131毫米、117毫米，每亩基本穴数分别为1.4万穴、1.6万穴、1.8万穴。

②深度调整。根据农艺生产要求，机插秧深度应达到“不漂不倒，越浅越好”。插秧深度一般为10毫米，插秧深度调节是通过插秧深度调节手柄来调整，共有4个挡位，往上为浅，往下为深。还可通过换装浮板支架上的6个插孔来调节插秧深度。

③每穴秧苗株数调整。水稻品种不同，每穴秧苗株数也不同。一般每穴秧苗为3~5株。可通过调节纵向取秧量和横向送秧量来调节秧针取秧量，从而改变机插时每穴株数。调节手柄位置每调整一挡，就改变取苗量1毫米。手柄向左调，取秧量增多；向右调，取秧量减少。一般先固定横向送秧的挡位位置后，再用手柄改变调整纵向取秧量，以保证机插后每穴合理的秧苗数。

（2）插秧作业路线。科学的插秧作业路线，合理安排装秧地点，可提高插秧作业效率。目前生产中主要有两种作业路线。

①插秧时，先在田埂周围留下一排即 4 行宽的余地。插秧地从田块的左侧下田插第一排。然后紧靠第一排，插第二排……最后沿田埂四周插完留下的一排，插秧机再出田。

②第一排直接靠田埂左侧下田插秧，田头两边留两排即 8 行宽的余地，然后一排紧靠一排插秧，当插到田的右侧时，留一排 4 行宽的余地，再把田头两排 8 行插完，然后插田的右侧留下的一排，插秧机插完后出田。

（3）关键操作技术。在插秧作业时，一是插秧机要保持匀速前进，不能忽快忽慢或频繁停机。作业行走路线要保持直线，行走中尽量不用捏转向手把或猛烈扳动扶手架的方法来纠正插秧机前进作业的直线性，以防急弯造成漏插或重插。二是边插秧边观察，发现问题，及时解决排除。同时注意送苗辊在苗箱槽口的工作情况，若发现槽口有秧根或黏土，要及时停机清理，以防影响插秧质量。三是初装秧苗或秧苗全部插完后，必须把插秧机苗箱移到最左或最右侧，以保证栽插质量。这是提高机插秧质量，确保夺高产的重要环节。

（4）插秧机的维护保养。

①每天作业后，要清理插秧机上的泥土杂物等。

②清理干净后，检查发动机、齿轮箱中的油料，不足时添加。对各运动、摩擦部位加注机油或黄油进行润滑。

③对整机上各紧固螺丝、螺帽进行检查，发现松动要及时紧固；对主离合器、插秧离合器、秧针与导轨的间隙、秧针与苗箱的间隙等进行检查调整。

（5）推秧器的维护保养。

①每天插秧作业后的保养。使用后，必须在当天用水把推秧器的泥水和脏东西冲洗掉，然后将水擦干，放在通风处。

②每季插秧结束后的保养。用水冲洗并擦干，然后用蘸煤油或柴油的布仔细擦遍推秧器。

③分离针与秧门侧间隙以 1.25~1.75 厘米且两侧间隙均等为宜，插秧作业时每半日检查一次，一侧间隙过小时应调整，调整后须检查分离针取秧量。

④为保证 12 个取秧器取秧量一致，应调整分离针的仰角。首先松开锁紧螺母，调整各取秧器上的分离针，使 6 个分离针位于同一线上，然后拧紧锁紧螺母，调整下一组分离针仰角。注意不能将取秧量标准块或其他工具遗忘在秧门上。

⑤栽植机构停止位置的调整。栽植机构停止位置一定要适当。否则，在过池埂或转弯时会造成取秧器的损坏。

（三）常见故障和排除

（1）推秧器不推秧或者推秧缓慢。这种情况会出现秧针带苗、漏穴以及立秧差等现象，其原因可能有以下几种。

①推秧杆弯曲变形，导致推秧杆在推进过程中阻力过大。解决办法是校正或更换推秧杆。

②推秧弹簧弱或者损坏。解决办法是打开取秧器上盖更换推秧弹簧。

③推秧拨叉生锈或者损坏。解决办法是除锈并在取秧器中加入黄油，防止再生锈；或者更换推秧拨叉。取秧器内缺少润滑油，会导致推秧滑道生涩，推秧阻力加大。

长时间工作还会导致推秧杆磨损过快，甚至损坏推秧拨叉、推秧弹簧等零件，所以插秧机工作前，应该在取秧器内加注润滑油。秧针变形，与推秧器间形成较大压力，导致推秧阻力加大，可以校正或者更换秧针。

（2）推秧器过分松动。出现这种情况的原因可能有两个，一个是取秧器内的导套磨损严重，需要更换导套；另一个就是取秧器内的锁紧螺母松动，解决办法是打开上盖，紧锁紧螺母。

(3) 取秧器内进入泥水。一般是挡泥油封和骨架油封损坏或密封性能差，建议更换油封。

(4) 取秧器内有清脆敲击声。调整块损坏或漏掉，建议更换调整块。

(5) 一组栽植臂不工作，且无声响。可能是链条活节脱落，或者是链条键折断，解决办法是重新上好活节，或者换键。

二、常用收割机的使用

水稻收获作业量大面广，由于收获季节性很强，所以收获作业程度好坏，对保证稻谷产量和质量有重要影响。

水稻收割机按结构可分为履带式水稻收割机、手扶式水稻收割机、小型水稻收割机。履带式水稻收割机适用于地块大的地区；手扶式水稻收割机和小型水稻收割机具有质量轻、动力强劲、操作舒适、劳动强度低、收割干净等特点，适用于平原、丘陵、梯田、三角地等小田块。下面介绍两种履带式水稻联收机结构及使用注意事项。

(1) 立式割台半喂入水稻联收机。其作业过程如下。扶禾器的拨指和双层拨禾星轮将倒伏的禾株扶直，然后由切割器割断。割下的穗秆在直立状态下由上、下两横向输送链输送到割台的一端，进入上、下两纵向中间输送链中，再向后输送到脱粒夹持链。脱粒夹持链夹住穗秆的根端沿滚筒轴向输送，让穗部进入轴流滚筒与凹板之间的间隙中。轴流滚筒的弓齿在滚筒圆周上按不同的螺线分区排列，各区内弓齿的高低和形状不同。在穗秆进入段为梳整区，齿形低而宽，有利于穗秆导入和梳整，并脱掉少量易脱的谷粒；中部为脱粒区，齿形高而陡直，齿顶圆弧小，穗秆受到较强的梳刷、打击作用，脱除大量谷粒；出口段为强脱排秆区，弓齿排列较密，以脱除剩余难脱的谷粒。脱下的谷粒经凹板筛孔下落，轻小杂质被风扇的气流吹出机外。谷粒经螺旋输送器输出，流入卸粮台上的粮袋中。脱粒后的茎秆则从夹持链的出口排出。由于谷粒中混入的碎茎秆较少，其简易型一般不设分离装置和清选筛（图 7-1）。

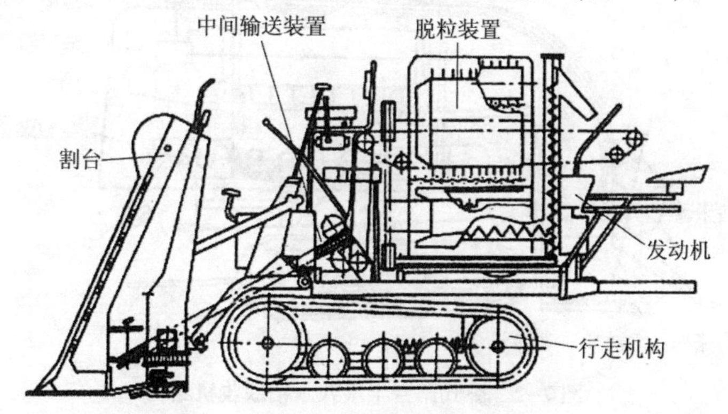

图 7-1　立式割台半喂入水稻联收机结构

（2）卧式割台半喂入水稻联收机。其作业过程如下：偏心弹齿式或板式拨禾轮将禾株拨向切割器，割断后的穗秆倒在台面上。伸出台面的割台输送链拨齿将穗秆均匀地拨向右侧，使其进入纵向输送链，被夹持向上和向后输送到脱粒夹持输送链。脱粒夹持输送链夹住穗秆根端而使穗部倒挂，进入滚筒和凹板间隙而脱粒。其脱粒装置和脱粒原理与立式割台半喂入水稻联收机相同（图 7-2）。

（3）操作注意事项。

①起步要平稳。要先加大油门，松开离合器时要缓慢，避免因接合过快对收割机造成冲击。

②横插竖割，收割时尽量走直线。即使田块形状不规则，在收割作业时，收割机也要尽量直线行驶。至于田边地角余下的作物，可待大田收割完后再人工收割，进行机器脱粒。

③用中大油门工作。在作业过程中应始终保持油门稳定，如感到机器负荷较重时，可踏下离合器切断行走动力，让收割机把进入机器的谷物处理完毕或负荷正常时再继续前进。

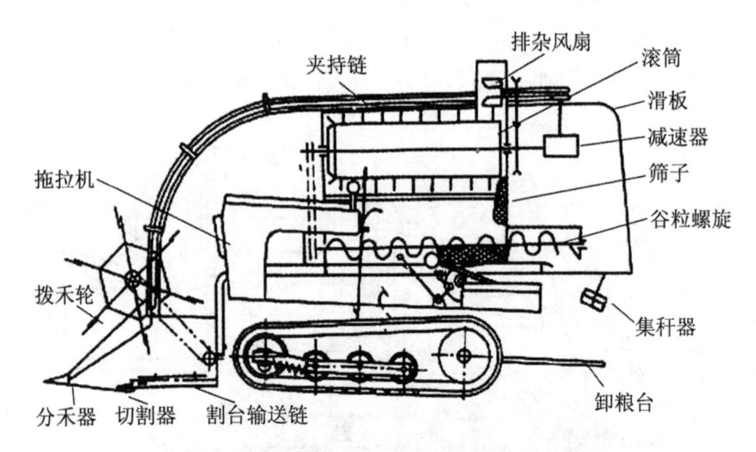

图 7-2　卧式割台半喂入水稻联收机结构

④选择适当的前进速度。作业速度的选择与机器生产率有直接关系，工作中可用调整前进速度、割茬高度及割幅宽度来调整机动喂入量，使机器在额定负荷下工作。否则，若喂入量过大，会使收割机夹带损失增加并产生堵塞。

⑤收割机跨越田埂，勿将割刀铲到泥里去，否则易引起故障，要求尽量减少过田埂次数。对地履带式机型，由于其行走机构的整体性，跨田埂时，应将田埂两端扒平再跨越通过。

⑥收割机应尽量避免在倒伏的水稻田收割，在有轻度倒伏的水稻田进行收割时，应采用逆向收割，降低收割损失。

三、旋耕机的使用与维护

（一）旋耕机的使用

旋耕机是一种以拖拉机为挂接动力、主要以齿轮传动为传递动力完成耕、耙作业的耕整地机械，在南方双季稻区广泛应用。其主要特点是：旋耕深度 6~15 厘米，碎土性能好，水旱两用，兼具灭茬功能，一次性作业能够完成旋耕、碎土、灭茬等多道工序，具有减少作业环节和节能功效。其主要操作技术如下。

（1）作业开始，应将旋耕机处于提升状态，先结合动力输出轴使刀轴转速增至额定转速，然后下降旋耕机，使刀片逐渐入土至所需深度。严禁刀片入土后再结合动力输出轴或急剧下降旋耕机，以免造成刀片弯曲或折断，加重拖拉机的负荷。

（2）在作业中，应尽量低速慢行，这样既可保证作业质量，使土块细碎，又可减轻机件磨损。要注意倾听旋耕机是否有杂音或金属敲击音，并观察碎土、耕深等情况。如有异常应立即停机进行检查，排除故障后方可继续作业。

（3）在地头转弯时禁止作业。转弯时应将旋耕机升起，使刀片离开地面，并减小拖拉机油门，以免损坏刀片。提升旋耕机时，万向节运转的倾斜角应小于30°，过大会产生冲击噪声，使其过早磨损或损坏。

（4）在倒车、过田埂和转移地块时，应将旋耕机提升到最高位置，并切断动力，以免损坏机件。如向远处转移，要用锁定装置将旋耕机固定好。

（5）每个班次作业后，应对旋耕机进行保养、清除刀片上的泥土和杂草、检查各连接件紧固情况、向各润滑油点加注润滑油，并向万向节处加注黄油，以防加重磨损。

（二）旋耕机的保养

旋耕机的保养分为当班保养和季度保养。

（1）当班保养。一般情况下，每班作业后应进行班保养，内容包括以下几个方面。

①检查拧紧连接螺栓。

②检查弯刀、插销和开口销等易损件有无缺损，如有损坏，要进行更换。

③检查传动箱、万向节和轴承是否缺油，缺油应立即

补充。

（2）季度保养。每个作业季度完成后，应进行保养，内容包括以下几个方面。

①彻底清除机具上的泥尘、油污。

②更换润滑油、润滑脂。

③检查刀片是否过度磨损，必要时更换新刀片。

④检查机罩、拖板等有无变形，必要时恢复其原形或换新。

⑤全面检查机具的外观，补充油漆，在弯刀、花键轴上涂油防锈。

⑥长期不使用时，轮式拖拉机配套旋耕机应置于水平地面上，不得长时间悬挂在拖拉机上，以免造成联结部件变形。

四、育秧播种流水线的使用与维护

（一）育秧播种流水线的使用

育秧播种流水线可以一次性完成铺撒床土、刷平、淋水、播种、覆土等作业环节，并可以实现量化调节，自动化程度高，作业质量稳定可靠，能够有效提高播种效率，规模化育秧效果好。其主要操作技术如下。

（1）确定小时生产率。根据机械性能选择不同的挡位。如有的流水线具备600盘/小时、1 000盘/小时两个挡位。速度的变化主要是靠变换床土箱下主传动轴链轮来实现的，用户可以根据实际需要通过调节齿轮确定合适的传送速度。

（2）调节床土。通过旋转齿条轴使土门上下移动，改变土门与橡胶输送带间隙来控制排土量。调试时，秧盘匀速移动，合上床土箱离合器，旋转齿条轴，将土门的开口调整到排出的土量经毛刷滚筒刷后正好达到所需厚度（一般为18~20毫米），锁定齿条轴即可。

（3）刷土。打开刷土装置罩壳，调整滑块高度，使床土的厚度达到要求即可。

（4）喷水装置。喷水量的大小主要靠调整水的压力、控制水的流量来实现。喷水量的大小要因不同土质、不同床土湿度确定，原则上是床土最底层的土正好湿透。

（5）播种。播种的主要操作技术如下。

①首先确定生产率。

②根据生产实际上的农艺需求确定每盘所需的播量。播量可通过调整控制柜上的播量设定键来调节（显示屏上会相应显示播量）。

③根据生产率、播量确定充种板的规格。

④选定充种板后，在播种箱加种子，打开播种装置毛刷滚筒罩壳，开机观察充种情况，调整左右滑块高度，使毛刷滚筒与排种轮的间隙能确保每穴的种子数量为3~4粒。

⑤播量调整及控制。开机，用空秧盘试播3~5盘，然后倒出种子用天平秤每盘重量，取平均值，再根据与设定值的差异，调整控制柜的微调旋钮，调节实际播量。

⑥盖上罩壳，整个播种装置调整结束。此时即可以进行生产作业。

（二）育秧播种流水线的保养

（1）机器长时间不工作，必须清理干净，并待完全干燥后，再给轴承部位其他旋转部件加注润滑油。

（2）多数机器使用了橡胶件，保管时应避免阳光直射，应在阴凉处存放。

（3）保存时应使皮带处于松弛状态，避免皮带因过度拉伸而损坏。

（4）停止播种作业后，应转动排种滚筒将种箱内剩余的种子排出，并清理干净。

（5）使用时应根据断路保护器牌上的要求定期检查，以确保断路器工作可靠。

五、背负式机动喷雾喷粉机的操作技术

背负式机动喷雾喷粉机是一种多功能药械，既能够喷雾，也能够喷粉。由于它具有操作轻便、灵活、生产效率高等特点，被广泛应用于南方大面积水稻生产，而且它不受地理条件限制，在丘陵山地和分散田块都很适用。其主要操作技术如下。

（1）打药时开启电源开关及药液开关，开始工作；关闭药液开关，水泵自动减压回流；再开药液开关，水泵自动开始升压工作。

（2）使用喷雾喷粉机喷雾，由于其雾滴较小，飘移严重，应该按照当时的风向确定田间行走路线，自下风向开始喷雾作业。

（3）每天使用完后，无论使用时间的长短，回家后应立即充电，这样可以延长蓄电池的使用寿命；农闲时，如果电动喷雾器长时间不用，一般需要1~2月充电1次。

第八章　成本核算与产品销售

第一节　市场经营与生产决策

北方粳稻产量高、品质优、商品性好、商品率高，是可以率先实现农业产业化和工业化的作物品种。为了更好实现北方粳稻的高产高效，必须从产前、产中和产后等各个环节进行全局谋划，从市场经营的角度安排稻米生产。为此，需要做好以下几方面工作。

一、选择适宜品种

针对所在区域的自然生态特点和稻作生产条件，根据消费市场的终端需求，选择高产、优质、多抗、专用等特点的水稻品种。比如针对高端消费群体，应选择种植米质上乘的中外特优质品种，如稻花香 2 号（即五优稻 4 号）、龙稻 16、越光、秋田小町等。而针对一般大众消费群体或粮库、小加工厂等，就应该选择种植高产、出米率高、品质中等偏上的品种，如空育 131、龙粳 31、吉粳 88、辽星 1 号、沈农 9816 等。针对订单生产，则应根据企业的特殊品质需求，在订单约定的范围内，尽量选择高产、优质、抗病品种。

二、与龙头企业合作，搞好订单生产

种植面积较大的家庭农场、种粮大户或农民专业合作社，应加强与龙头企业合作，实行订单粳稻生产。特别是在稻谷生

产、销售等风险难以控制的情况下，通过与龙头企业合作，锁定相对稳定的销售渠道，可保证相对固定的投资回报，降低生产风险。

三、发展机械化生产，提高稻米商品性

在生产过程中，要尽可能采用适合当地最新的、先进的种植、栽培技术，并大力发展机械化生产，既可以实现高产，又可以保证和提高稻谷的整齐性、商品性和优质性，提高稻谷的价格和产值。

四、打造品牌，突出绿色优质特点

北方粳稻因其得天独厚的自然生态条件而品高质优，闻名中外。因此，为了更好地开拓北方粳稻市场，应充分突出北方粳稻优质、清洁、安全的特点，打造知名品牌，充分发挥品牌效应。

第二节　营销策略与权益维护

一、稻谷直接销售

（1）直接销售给消费者。指生产者将稻谷直接销售给打算食用水稻的消费者，没有其他的参与者。采用这种销售方式的种植户很少，即使采用这种销售方式，所销售的水稻也占其总产量中很少的一部分，属于粮食商品化程度不高情况下的销售方式。

（2）销售给国家粮库。在稻谷价格下跌的时候，特别是在市场谷价已经低于最低收购价时，水稻生产者应及时将稻谷直接运送到国家指定的最低收购价政策收购网点出售。

（3）销售给粮贩。指水稻种植户将所生产的水稻出售给

稻谷倒卖者，即俗称的粮贩子，再由粮贩子将水稻集中起来转卖给加工厂或粮库，粮贩子通过前后的差价获取利润。这种方式对生产者比较省事，在田头就可以直接销售，不用晾晒和搬运，但是售价方面可能要低。

（4）销售给加工厂。农户与大米加工厂签订固定的购销合同，直接将稻谷销售给粮食加工厂。

此外，农户还可以通过农民专业合作社销售水稻。如有的合作社就是由农户入股成立，合作社作为代理商与交易方进行大宗交易，减少了单个农户交易风险，增强了议价能力。

二、稻谷加工成大米后销售

稻谷工后销售，可以增加大米的附加值。特别是有条件的农民专业合作社、家庭农场和种粮大户，可以自主开发大米品牌，在粮食市场上设立摊位售粮，或直接销售大米给批发商。

三、产品销售策略

（1）注重产品文化内涵，打造区域特色品牌。广泛、深度挖掘本区域与稻米相关的历史传说、人文典故等，塑造区域特色稻米文化，赋予稻米产品文化内涵，以此打造具有鲜明区域特色的稻米品牌。

（2）加强产品宣传，强调稻米绿色生态无污染。北方粳稻产区地广人稀，人均资源丰富，生产环境清洁、环保，没有污染，生产出的稻米不但品质优、商品性好，而且还安全、绿色、放心。因此，应大力宣传北方粳稻与其他水稻的差异性特点。

（3）细分目标消费群体，拉开产品档次。根据品种、产地、生产方式、品质、食味、包装等多方面内容，把稻米产品设定为高、中、低等不同档次和价位，以面向不同的目标消费群体。

四、发展新型生产经营主体

发展新型生产经营主体是解决当前水稻生产突出矛盾的重要措施。在生产经营上，小规模生产成本高，效率低，难以与国外大农场的专业化生产相比；在水稻产品市场营销上，由于服务体系不健全，基本上以分散经营为主，很多农户在销售稻谷时往往无法干预销售价格，缺乏议价能力；在质量品牌上，科技含量低、加工增值能力不强、生产综合效益不高。因此，借鉴国外的成功经验，通过组织创新改变水稻生产经营的组织方式和运作模式，大力发展新型生产经营主体，包括种粮大户、合作社、家庭农场等，提高农户在面对市场时的应对能力。

1. 稻谷最低收购价格政策

为促进粮食生产、保护种粮农民利益，国家从 2004 年开始实行粮食最低收购价格政策。当年稻谷最低收购价格标准为：早籼稻 1.40 元/千克、中晚籼稻 1.44 元/千克、粳稻 1.50 元/千克。从 2008 年开始，国家每年都会提高稻谷最低收购价格标准，用以稳定农民种稻积极性。2014 年，国家将早籼稻、中晚籼稻、粳稻最低收购价格分别提高至每千克 2.70 元、2.76 元和 3.10 元，比 2004 年分别提高了 1.30 元、1.32 元和 1.60 元。

2. 稻谷最低收购价格执行质量标准

最低收购价是指承担最低收购价收购任务的收储库点向农民直接收购的到库价。其质量标准如下。

（1）早籼稻。早籼稻杂质以内、水分 13.5%以内、出糙率 75%～77%（含 75%，不含 77%）、整精米率 44%～47%

（含 44%，不含 47%）。相邻等级之间等级差价按每市斤*
0.02 元掌握。

（2）中晚籼稻。中晚籼稻杂质 1%以内、水分 13.5%以内、出糙率 75%～77%（含 75%，不含 77%）、整精米率 44%～47%（含 44%，不含 47%）；粳稻杂质 1%以内、水分 14.5%以内、出糙率 77%～79%（含 77%，不含 79%）、整精米率 55%～58%（含 55%，不含 58%）。

五、水稻生产权益的支持保护

（一）农作物良种补贴政策

水稻补贴采取现金直接补贴方式，具体由各省（区、市）按照简单便民的原则自行确定。

（二）农机具购置补贴

每年农业部根据全国农业发展需要和国家产业政策，并充分考虑各省地域差异和农牧业机械发展实际情况，确定补贴机具种类。2015 年补贴种类共计 11 大类 43 个小类 137 个品目。其中包括深松机、免耕播种机、水稻插秧机、机动喷雾喷粉机、动力（喷杆式、风送式）喷雾机、秸秆粉碎还田机、粮食烘干机、大中型轮式拖拉机等。

（三）水稻保险政策

目前，中央政策性农业保险范围涵盖了种植业保险、养殖业保险、森林保险三大类 15 个品种，其中，包括水稻保险在内。

---

* 1 斤＝500 克

第三节　成本核算与贷款方式

一、水稻生产成本构成及成本利润率测算

（一）成本构成

水稻生产的总成本包括生产成本和土地成本两大部分。

1. 生产成本

生产成本是指直接生产过程中为生产水稻而投入的各项资金（包括实物和现金）和劳动力的成本，它反映了为生产水稻而发生的除土地外各种资源的耗费。生产成本主要包括物质服务费用和人工成本。

（1）物质与服务费用。物质与服务费用是指在直接生产过程中消耗的各种农业生产资料的费用、购买各项服务的支出以及与生产相关的其他实物或现金支出，包括直接费用和间接费用两部分。其中，直接费用有种子、化肥、农药、农膜、机械作业、排灌等费用；间接费用有固定资产折旧、保险费等。

（2）人工成本。人工成本是指生产过程中直接使用的劳动力的成本，包括家庭用工折价和雇工费用两部分。

2. 土地成本

土地成本也可称为地租，是指土地作为一种生产要素投入到生产中的成本，它包括流转地租金和自营地折租。流转地租金按照生产者实际支付的转包费或承包费净额计算；自营地折租指生产者自己拥有经营权的土地投入生产后所耗费的土地资源按一定方法和标准折算的成本，反映了自营地投入生产时的机会成本。

（二）成本利润率测算

成本利润率反映生产中所消耗全部资源的净回报率。计算

公式为：

成本利润率（%）＝（净利润÷总成本）×100

净利润是指产品产值减去生产过程中投入的现金、实物、劳动力和土地等全部生产要素成本后的余额，反映了生产中消耗的全部资源的净回报。计算公式为：

亩均净利润＝亩产值合计－亩总成本

总成本是指生产过程中耗费的现金、实物、劳动力和土地等所有资源的成本。计算公式为：

每亩总成本＝每亩生产成本＋每亩土地成本

＝每亩物质与服务费用＋每亩人工成本＋每亩土地成本

产值是指生产者通过各种渠道出售主产品所得收入和留存的主产品可能得到的收入之和。

（三）年水稻生产成本构成情况

根据国家发展和改革委员会价格司编写的《2013 年全国农产品成本收益资料汇编》数据信息整理，2012 年我国每亩早籼稻、晚籼稻、粳稻生产的成本构成情况如下。

1. 早籼稻

2012 年，我国早籼稻生产亩均总成本 965.66 元，比 2011 年增加 142.96 元。其中，生产成本 827.69 元、土地成本 137.97 元。生产成本中物质与服务费用 438.62 元、人工成本 389.07 元。物质与服务费用中，种子、化肥、农药、机械作业费用分别为 46.72 元、134.75 元、45.24 元和 150.38 元。人工成本中，家庭用工折价 389.07 元、雇工费用 24.01 元。

2. 晚籼稻

2012 年，我国晚籼稻生产亩均总成本 988.73 元，比 2011 年增加 153.21 元。其中，生产成本 848.33 元、土地成本 140.40 元。生产成本中物质与服务费用 461.41 元、人工成本 386.92 元。物质与服务费用中，种子、化肥、农药、机械作业费用分别为 51.26 元、136.03 元、60.75 元和 158.62 元。人工成本中，家庭用工折价 355.77 元、雇工费用 31.15 元。

3. 粳稻

2012 年，我国粳稻生产亩均总成本 1 223.08 元，比 2011 年增加 185.42 元。其中，生产成本 936.97 元、土地成本 286.11 元。生产成本中物质与服务费用 519.26 元、人工成本 417.71 元。物质与服务费用中，种子、化肥、农药、机械作业费用分别为 39.38 元、146.66 元、54.63 元和 177.70 元。人工成本中，家庭用工折价 309.96 元、雇工费用 107.75 元。

二、南方双季早稻工厂化育秧机插技术模式

南方双季早稻工厂化育秧机插技术模式如下。

早熟品种+工厂化育秧+机插秧+配方施肥+间歇灌溉+病虫害统防统治+机械收获

（一）技术路线

1. 品种选择

选择生育期 110 天以内、苗期耐寒性好、感温性强、产量高、对稻瘟病抗性强、适合机械栽插的早熟品种。

2. 工厂化育秧

用种子处理、催芽机催芽、播种机（线）精量播种、大棚内保温育秧，苗期以旱育为主、适时炼苗，培育出适合不同茬口机插的毯状秧，秧龄 25 天左右、4 叶左右。每亩大田准备常规稻种子 3.5 千克或杂交稻种子 2.5 千克左右、秧盘 25~30 张，上年秋冬季准备好育秧盘、营养土。根据当地适宜栽插期确定播种期，分批次播种（图 8-1、图 8-2）。

图 8-1　工厂化育秧

图 8-2　机械插秧

3. 机械整地

用 50~70 马力四轮驱动拖拉机及配套机具耕整稻田，耕深 15 厘米左右，做到田面平整。田块根据土壤质地适当沉实。

4. 高质量机插

根据茬口和品种特性选用行距为 25 厘米为主的插秧机，调整株距至 13 厘米左右，确保栽插密度 2 万穴以上；漏插率小于 5.0%、伤秧率小于 4.0%、均匀度合格率大于 85.0%，力求浅插和不浮秧。

5. 配方施肥

每亩施纯氮 8 ~ 10 千克，氮（N）、磷（P_2O_5）、钾（K_2O）比例 1∶0.4∶0.6，基、蘖、穗氮肥比例 5∶3∶2，增

施钾肥和硅肥，抽穗后看苗补施粒肥。

6. 间歇灌溉

泥皮水栽插，遇低温灌深水护苗，立苗后露田，促蘖促早发；中期够苗分次搁田；抽穗期保持浅水层，后期湿润灌溉为主，收获前1周断水。

7. 统防统治

重点把握秧田期和抽穗前后两个关键时期，根据病虫发生预报重点防治秧田立枯病和南方水稻黑条矮缩病、大田二化螟、稻飞虱、稻瘟病和纹枯病。在落实好绿色防控技术措施的基础上，对病虫害发生数量超过防控指标的稻田，组织专业化防治队伍，用自走式喷杆喷雾机、背负式机动喷雾机、高效宽幅远射程喷雾机等现代植保机械提高效率。

8. 机械收获

在谷粒全部变硬、穗轴上干下黄、谷粒成熟度达到90%~95%时，用35马力以上的半喂入联合收割机或55马力以上的全喂入联合收割机收获。

（二）成本核算

1. 100~300亩

常规稻930元、杂交稻1 040元。其中，种子、肥料、病虫防治、秧盘、水费等农资投入常规稻255元、杂交稻365元；租地成本350元；农机作业成本195元；搬运烘干费用50元；田间管理费用80元。

2. 300~500亩

常规稻920元、杂交稻1 030元。其中，种子、肥料、病虫防治、秧盘、水费等农资投入常规稻245元、杂交稻355元；租地成本350元；农机作业成本195元；搬运烘干费50元；田间管理费80元。

3. 500~2 000 亩

常规稻 878 元、杂交稻 988 元。其中，种子、肥料、病虫防治、秧盘、水费等农资投入常规稻 238 元、杂交稻 348 元；租地成本 330 元；农机作业成本 180 元；搬运烘干费 50 元；田间管理费 80 元。

4. 2 000~5 000 亩

常规稻 854 元、杂交稻 963 元。其中，种子、肥料、病虫防治、秧盘、水费等农资投入常规稻 229 元、杂交稻 338 元；租地成本 320 元；农机作业成本 175 元；搬运烘干费 50 元；田间管理费 80 元。

5. 5 000 亩以上

常规稻 812 元、杂交稻 922 元。其中，种子、肥料、病虫防治、秧盘、水费等农资投入常规稻 217 元、杂交稻 327 元；租地成本 300 元；农机作业成本 165 元；搬运烘干费 50 元；田间管理费 80 元。

（三）效益分析

以亩产 450 千克、价格 2.70 元/千克计算，目标产量收益可以达到 1 215 元，其生产效益如下。

（1）100~300 亩。常规稻 285 元、杂交稻 175 元。

（2）300~500 亩。常规稻 295 元、杂交稻 185 元。

（3）500~2 000 亩。常规稻 337 元、杂交稻 227 元。

（4）2 000~5 000 亩。常规稻 361 元、杂交稻 252 元。

（5）5 000 亩以上。常规稻 403 元、杂交稻 293 元。

三、南方双季早稻保温育秧点抛技术模式

南方双季早稻保温育秧点抛技术模式如下。

早、中熟品种+软盘保温育秧+点抛秧+配方施肥+间歇灌溉+病虫害统防统治+机械收获

（一）技术路线

1. 品种选择

选择苗期耐低温、产量高、品质优、抗病虫、全生育期115天左右、能与晚稻生育期合理搭配、适合抛秧栽插的早中熟品种。

2. 软盘育秧

提早准备好秧田，按每亩大田备足常规稻种子3.5千克或杂交稻种子2.0千克左右、规格434孔秧盘65~70张。3月20日至4月5日播种，浸种消毒后，保温保湿催芽至破胸露白均匀播种，播后盖土，盖膜保温，适时炼苗培育壮秧。

3. 机械整地

用50~70马力的四轮驱动拖拉机及配套机具耕整稻田，耕深15厘米左右，田面要平整。

4. 均匀点抛

抛栽前4~5天，每亩秧田施尿素3~4千克作“送嫁”肥；秧龄25~30天或叶龄3.5~4.5叶，均匀点抛，拉绳拣秧分厢、补匀。

5. 配方施肥

每亩施纯氮8~10千克，氮（N）、磷（P_2O_5）、钾（K_2O）比例1∶0.4∶0.6，基、蘖、穗氮肥比例5∶3∶2，抽穗后看苗补施粒肥。

6. 间歇灌溉

薄水抛栽，立苗活棵分蘖后，带水施用除草剂，待自然落干。够苗前干干湿湿，管水促根、促蘖，总苗数达有效穗80%时提前搁田控蘖，复水后间歇灌溉，抽穗期保持浅水层，收获前1周断水。

7. 统防统治

重点防治二化螟、纹枯病、稻瘟病、稻纵卷叶螟、稻飞虱等迁飞性、流行性病虫害。在落实好绿色防控技术措施的基础上，根据病虫预报及时组织专业化防治队伍，用自走式喷杆喷雾机、背负式机动喷雾机、高效宽幅远射程喷雾机等现代植保机械提高效率。

8. 机械收获

在谷粒全部变硬、穗轴上干下黄、谷粒成熟度达到90%~95%时，用45马力以上带碎草装置的纵轴流履带式全喂入或半喂入联合收割机收获，及时为晚稻腾茬。

（二）成本核算

1. 100~300亩

常规稻962元、杂交稻1 070元。其中，种子、肥料、病虫防治、软盘薄膜、水费等农资投入常规稻247元、杂交稻355元；租地成本350元；农机作业成本155元；搬运烘干费50元；抛秧、田间管理费160元。

2. 300~500亩

常规稻953元、杂交稻1 063元。其中，种子、肥料、病虫防治、软盘薄膜、水费等农资投入常规稻238元、杂交稻348元；租地成本350元；农机作业成本155元；搬运烘干费50元；抛秧、田间管理费160元。

（三）效益分析

以亩产450千克、价格2. 70元/千克计算，目标产量收益可以达到1 215元，其生产效益如下。

1. 100~300亩

常规稻253元、杂交稻145元。

2. 300~500 亩

常规稻 262 元、杂交稻 152 元。

四、南方双季早稻无盘旱育秧点抛技术模式

早、中熟品种+无盘旱育秧+点抛秧+配方施肥+间歇灌溉+病虫害统防统治+机械收获

（一）技术路线

1. 品种选择

选择生育期 110 天左右、产量高、对稻瘟病抗性强的早中熟早稻品种。

2. 集中旱育秧

每亩大田准备杂交稻种子 2.0 千克或常规稻种子 3.5 千克左右。用种子处理、浸种后种衣剂包衣，精量播种，苗期以旱育为主，培育叶蘖基本同伸的长秧龄壮秧。上年秋冬季培肥苗床，提前 20 天整床。根据当地前茬油菜腾茬时间确定适宜播、抛期。

3. 机械整地

用 50~70 马力的四轮驱动拖拉机及配套机具耕整稻田，耕深 15 厘米左右，田面应平整。

4. 高质量点抛

抛秧前一天下午将苗床浇透水以减少起秧伤苗。根据茬口和品种特性确定抛栽密度，一般为每亩 2.5 万穴左右。均匀点抛，拉绳拣秧分厢、补匀。力求浅入土，减少平躺苗，减轻立苗前风险。

5. 配方施肥

每亩施纯氮 10~12 千克，氮（N）、磷（P_2O_5）、钾

(K_2O) 比例1∶0.5∶0.8。肥料运筹上，基、蘖、穗氮肥比例5∶3∶2，有条件的可施用控缓释肥。穗肥以保花肥为主，增施钾肥，抽穗后看苗补施粒肥。

6. 间歇灌溉

花皮水点抛、湿润立苗，轻露田促根，浅水湿润间歇灌溉促早发；中期够苗分次搁田，抽穗期保持浅水层，后期以湿润灌溉为主，收获前一周断水。

7. 统防统治

重点把握秧田期和抽穗前后两个关键时期，根据病虫发生情报重点防治二化螟、稻飞虱和稻瘟病、纹枯病。组织专业化防治队伍，用自走式喷杆喷雾机、背负式机动喷雾机、高效宽幅远射程喷雾机等现代植保机械提高效率。

8. 机械收获

在谷粒全部变硬、穗轴上干下黄、谷粒成熟度达到90%~95%时，用35马力以上的半喂入联合收割机或55马力以上的全喂入联合收割机收获。

(二) 成本核算

1. 100~300亩

常规稻870元、杂交稻980元。其中，种子、肥料、病虫防治、水费等农资投入常规稻235元、杂交稻345元，租地成本250元，农机作业成本155元，搬运烘干费50元，抛秧、田间管理费160元，旱育秧费20元。

2. 300~500亩

常规稻860元、杂交稻970元。其中，种子、肥料、病虫防治、水费等农资投入常规稻225元、杂交稻335元，租地成本250元，农机作业成本155元，搬运烘干费50元，抛秧、田间管理费160元，旱育秧费20元。

（三）效益分析

以亩产 400 千克、价格 2.70 元/千克计算，目标产量收益可以达到 1 080 元，生产效益如下。

1. 100~300 亩

常规稻 210 元，杂交稻 100 元。

2. 300~500 亩

常规稻 220 元，杂交稻 110 元。

五、南方双季晚稻湿润育秧点抛技术模式

早、中熟品种+精量播种+软盘湿润育秧+点抛秧+配方施肥+病虫害统防统治+机械收获

（一）技术路线

1. 合理搭配品种

根据种植地点的气候特点和早稻品种的成熟期选择生育期 115 天以内后期耐低温的高产、优质、抗病的早、中熟晚稻品种。

2. 软盘湿润育秧

根据晚稻的安全抽穗期和秧龄弹性适时播种。每亩大田育秧 90 盘（353 孔）或 70~80 盘（434 孔），杂交稻用种量 1.5 千克或常规稻 3.0 千克左右。种子用种衣剂包衣，或者用强氯精+烯效唑溶液（100~120 毫克/升）浸种，在常温条件下催芽。按照湿润育秧的秧床要求分厢整地施肥，厢宽 130 厘米，沟宽 25 厘米，摆盘时注意要将塑盘贴紧秧床，盘土可选用沟泥，与多功能壮秧剂拌匀后装盘。

3. 机械整地平地

早稻收割后尽早泡水软化土壤，用 50~70 马力的四轮驱动拖拉机及配套机具耕整稻田，耕深 15 厘米左右，田面

要平整。

4. 拉绳分厢抛栽

早稻收割后尽早栽插，移栽前3~4天每亩秧田施用尿素4千克作送嫁肥。用点抛（丢秧）每亩抛栽2.0万~2.2万穴。免耕丢秧的可在早稻收割后每亩用百草枯250毫升对水35千克喷施，再泡田1~2天后抛栽。

5. 干湿交替灌溉

摆栽立苗后浅水（3~5厘米水层）灌溉，当每平方米苗数达到300苗时开始晒田控制无效分蘖。打苞期以后用干湿交替灌溉直至成熟前5~7天断水。对于深脚泥田或地下水位高的田块，在晒田前要求在稻田的四周开围沟、在中间开腰沟。

6. 测土配方施肥

一般每亩施用纯氮9~11千克，氮：磷（P_2O_5）：钾（K_2O）=1：0.4：0.8。氮肥50%作基肥、20%作分蘖肥、30%作穗肥。由于田块间土壤肥力存在差异，抽穗后看苗补施粒肥。

7. 统防统治

秧田期要加强稻飞虱和南方黑条矮缩病的预防，大田期要加强二化螟、稻纵卷叶螟、稻飞虱等虫害和水稻纹枯病、稻瘟病及稻曲病等病害的防治。对于稻曲病应以预防为主，在水稻破口期到开始抽穗期用药防治。具体防治时间和农药选择要根据当地植保部门的病虫情报确定。选择抛栽稻除草剂等拌肥于分蘖期施肥时撒施，并保持浅水层5天左右。

在谷粒全部变硬、穗轴上干下黄、谷粒成熟度达到90%~95%时，用35马力以上的半喂入联合收割机或55马力以上的全喂入联合收割机收获。

（二）成本核算

1. 100~300 亩

常规稻 965 元、杂交稻 1 055 元。其中，种子、肥料、病虫防治、软盘薄膜、水费等农资投入常规稻 250 元、杂交稻 340 元，租地成本 350 元，农机作业成本 155 元，搬运烘干费 50 元，抛秧、田间管理费 160 元。

2. 300~500 亩

常规稻 958 元、杂交稻 1 048 元。其中，种子、肥料、病虫防治、软盘薄膜、水费等农资投入常规稻 243 元、杂交稻 333 元，租地成本 350 元，农机作业成本 155 元，搬运烘干费 50 元，抛秧、田间管理费 160 元。

（三）效益分析

以亩产 480 千克、价格 2.76 元/千克计算，目标产量收益可以达到 1 325 元，生产效益如下。

1. 100~300 亩

常规稻 360 元、杂交稻 270 元。

2. 300~500 亩

常规稻 367 元、杂交稻 277 元。

六、南方双季晚粳湿润育秧点抛技术模式

早、中熟晚粳品种+精量播种+软盘湿润育秧+点抛秧+配方施肥+病虫害统防统治+机械收获

（一）技术路线

1. 合理搭配品种

根据种植地点的气候特点和早稻品种的成熟期选择生育期 115 天以内后期耐低温的高产、优质、抗病的早、中熟常规晚

粳稻品种。

2. 软盘湿润育秧

根据晚稻的安全抽穗期和秧龄弹性适时播种。每亩大田育秧90盘（353孔）或70~80盘（434孔），用种量4.0千克左右，每孔近6粒（如用70盘）。种子用种衣剂包衣，或者用强氯精+烯效唑溶液（80~100毫克/升）浸种，在常温条件下催芽。按照湿润育秧的秧床要求分厢整地施肥，厢宽130厘米，沟宽25厘米，摆盘时注意要将塑盘贴紧秧床，盘土可选用沟泥，与多功能壮秧剂拌匀后装盘。

3. 机械整地平地

早稻收割后尽早泡水软化土壤，用50~70马力的四轮驱动拖拉机及配套机具耕整稻田，耕深15厘米左右，田面要平整。

4. 拉绳分厢抛栽

早稻收割后尽早栽插，移栽前3~4天每亩秧田施用尿素4千克作“送嫁”肥。用点抛（丢秧）每亩抛栽2.2万~2.4万穴。免耕丢秧的可在早稻收割后每亩用百草枯250毫升对水35千克喷施，再泡田1~2天后抛栽。

5. 干湿交替灌溉

摆栽立苗后浅水（3~5厘米水层）灌溉，当每平方米苗数达到300苗时开始晒田控制无效分蘖。打苞期以后用干湿交替灌溉直至成熟前5~7天断水。对于深脚泥田或地下水位高的田块，在晒田前要求在稻田的四周开围沟、在中间开腰沟。

6. 测土配方施肥

一般每亩施用纯氮12~14千克，氮：磷（P_2O_5）：钾（K_2O）=1：0.4：0.6。氮肥50%作基肥、20%作分蘖肥、

30%作穗肥。由于田块间土壤肥力存在差异，抽穗后看苗补施粒肥。

7. 统防统治

大田期要加强二化螟、稻纵卷叶螟、稻飞虱等虫害和水稻纹枯病、稻瘟病及稻曲病等病害的防治。对于稻曲病应以预防为主，在水稻破口期到开始抽穗期用药防治。具体防治时间和农药选择要根据当地植保部门的病虫情报确定。选择抛栽稻除草剂等拌肥于分蘖期施肥时撒施，并保持浅水层 5 天左右。

8. 机械收获

在谷粒全部变硬、穗轴上干下黄、谷粒成熟度达到 90%~95%时，用 35 马力以上的半喂入联合收割机或 55 马力以上的全喂入联合收割机收获。

（二）成本核算

1. 100~300 亩

常规稻 1 003 元。其中，种子、肥料、病虫防治、软盘薄膜、水费等农资投入 288 元，租地成本 350 元，农机作业成本 155 元，搬运烘干费 50 元，抛秧、田间管理费 160 元。

2. 300~500 亩

常规稻 993 元。其中，种子、肥料、病虫防治、软盘薄膜、水费等农资投入 278 元，租地成本 350 元，农机作业成本 155 元，搬运烘干费 50 元，抛秧、田间管理费 160 元。

（三）效益分析

以亩产 500 千克、价格 3.10 元/千克计算，目标产量收益可以达到 1 550 元，生产效益如下。

1. 100~300 亩

生产效益 547 元。

2. 300~500 亩

生产效益 557 元。

七、北方粳稻硬盘旱育机插技术模式

（一）技术路线

北方粳稻硬盘旱育机插技术模式主要集成的技术包括选择品种、大棚机插硬盘旱育秧、机械插秧、配方施肥、间歇灌溉、病虫害统防统治、机械收获。

1. 品种选择

选择生育期在 155 天以上、主茎叶数 15~17、苗期耐低温、抗病性好、适合机械栽插的中、晚熟品种。

2. 大棚机插硬盘集中旱育秧

每亩大田准备脱芒常规稻种子 3 千克，准备 30 厘米×60 厘米规格的育苗硬盘 20 张，4 月 10—15 日播种。浸种消毒以水温积温达到 80~100℃为宜，用智能催芽箱或常规保温保湿法催芽至破胸露白。用流水线或播种机具播种装盘，每盘播芽种 110~120 克，播后盖土，移至标准化钢架大棚，表面覆盖地膜或无纺布。适时炼苗培育壮秧。

3. 机械整地

用 36.77 千瓦。以上四轮驱动拖拉机及配套机具旱整地，耕深 15~20 厘米，泡水后进行水耙整地，田面平整，同一田块内高低差不大于 3 厘米，达到“地平如镜”和沉降充分、上虚下实的机插条件。

4. 机械移栽

秧龄 30~35 天或叶龄 3.0~3.5 叶、秧高 13~15 厘米时移栽，移栽前 1~2 天，每平方米秧田施磷酸二铵 125 克。用 4 行插秧机或 6 行高速插秧机进行插秧。插秧深度 2~3 厘米，漏插率 2%以内，钩伤率 1.5%以内，穴基本苗保证率（达到规定基本苗数的穴数占总穴数的比例）应在 70%以上，插行笔直，行距精确，不空边、不落头、不倒苗、不漂秧。

5. 配方施肥

每亩施纯氮 15 千克，氮（N）、磷（P_2O_5）、钾（K_2O）比例 2∶1∶1，基肥、分蘖肥、穗肥中氮肥分别施 40%、20%，40%，抽穗后看苗补施粒肥。

6. 间歇灌溉

浅水移栽，缓苗后施用除草剂，保持 3~5 厘米浅水层 5~7 天，复水后间歇灌溉，分蘖中后期晒田控蘖，幼穗分化期保持 3~5 厘米水层，孕穗期保持 3~8 厘米水层，抽穗期保持浅水层，收获前 1 周断水。

7. 病虫害统防统治

进行专业化防治，用自走式喷杆喷雾机、背负式机动喷雾机或高效宽幅远射程喷雾机等植保机械，重点防治二化螟、纹枯病、稻飞虱、稻瘟病等病虫害。

8. 机械收获

在稻谷全部变硬、穗轴上干下黄、谷粒成熟度达到 90%~95%时，用全喂入或半喂入联合收割机收获。

（二）成本核算

在计算作物生产成本时，人们通常易犯两种错误。一是农民在自有土地上生产经营，土地成本往往被忽略而不计入生产成本；二是生产过程中的农民自身用工也常常被忽略而不计入生产成本。这其实是不对的，尤其是在土地流转基础上的规模化、工业化生产经营时，土地成本和农民用工成本，都应该而且必须计入作物生产成本。只有在机械化生产条件下，用工成本含在机械作业成本当中时，才可以不单独考虑农民的用工成本。

以上述北方粳稻生产技术模式为例，水稻生产成本主要包括租地成本、农资投入成本、农机作业成本和其他成本等几方面。

1. 每亩租地成本

（1）规模为100~200亩时，每亩600元。

（2）规模为200~500亩时，每亩580元。

（3）规模为500~1 000亩时，每亩550元。

（4）规模为1 000亩以上时，每亩500元。

2. 每亩农资投入

（1）规模为100~200亩时，每亩常规稻种子30元、肥料180元、病虫防治70元、育苗基质20元、水费80元，共计380元。

（2）规模为200~500亩时，每亩常规稻种子25元、肥料175元、病虫防治65元、育苗基质20元、水费80元，共计365元。

（3）规模为500~1 000亩时，每亩常规稻种子20元、肥料170元、病虫防治60元、育苗基质20元、水费80元，共计350元。

（4）规模为1 000亩以上时，每亩常规稻种子20元、肥料165元、病虫防治60元、育苗基质20元、水费75元，共计340元。

3. 农机作业成本

（1）规模为100~200亩时，每亩农机折旧120元、柴油60元、人工60元，共计240元。

（2）规模为200~500亩时，每亩农机折旧114元、柴油60元、人工60元，共计234元。

（3）规模为500~1 000亩时，每亩农机折旧71元、柴油

55 元、人工 60 元，共计 186 元。

（4）规模为 1 000 亩以上时，每亩农机折旧 62 元、柴油 55 元、人工 55 元，共计 172 元。

4. 其他成本

每亩其他成本 50 元。

5. 每亩投入总成本

（1）规模为 100~200 亩时，每亩投入总成本 1 270 元。

（2）规模为 200~500 亩时，每亩投入总成本 1 229 元。

（3）规模为 500~1 000 亩时，每亩投入总成本 1 136 元。

（4）规模为 1 000 亩以上时，每亩投入总成本 1 062 元。

（三）效益分析

1. 目标产量收益

按每亩目标产量 600 千克，每千克稻谷 3. 0 元计算，平均每亩产值=600 千克×3. 0 元/千克=1 800 元。

2. 亩均纯收益

目标产量收益减去平均每亩投入总成本，即得亩均纯收益。

（1）规模为 100~200 亩时，亩均纯收益=1 800元-1 270 元=530 元。

（2）规模为 200~500 亩时，亩均纯收益=1 800元-1 229 元=571 元。

（3）规模为 500~1 000 亩时，亩均纯收益=1 800 元-1 136 元=664 元。

（4）规模为 1 000 亩以上时，亩均纯收益=1 800 元-1 062 元=738 元。

八、北方粳稻智能化旱育壮秧机插技术模式

（一）技术路线

北方粳稻智能化旱育壮秧技术模式主要集成的技术包括稻谷品质安全化、旱育壮秧智能化、全程生产机械化、叶龄指标计划管理。

1. 优选品种

选择经省级或国家审定推广的优质、高产、抗逆性强的11~14叶品种。种子标准要达到纯度99%以上、净度98%以上、芽率90%（国家标准85%）以上、水分14.5%以下；种子加工标准达到烘干温度40℃以下、糙米率1%以下、青粒率0.5%以下、除芒率98%以上，机械选种后盐水选出率2%以下。

2. 建立育秧基地

依据地形、地貌和寒地特点，选择在平坦高燥、背风向阳、排水及时、土壤肥沃、无药残留、运距适中、交通便利、管理方便、适当集中的旱田地建立集中育秧基地。育秧基地要布局合理、道路硬化、沟沟相通，智能监控、卷帘通风、微喷浇水综合配套。育秧大棚全部选用钢骨架大棚，建设标准：棚高2.3~2.4米，长60米、宽6~6.5米；置床宽为7~7.5米，置床高度30厘米，棚内步道宽为25~30厘米；两棚边距6米，其中大棚两侧置床预留宽各0.5米、两边马道宽各1.5米，棚间沟上口宽度2米，下口宽度1米，沟深0.8米，距地面50厘米和100厘米处设两道燕尾槽。

3. 芽种生产

应用智能浸种催芽设备进行生产，种子消毒药剂可选用25%咪鲜胺（施保克）乳油或种子包衣剂。浸种时用纱网袋装2/3种子，整齐码放在浸种箱内（距箱边10~15厘米），加入

清水没过种子 15～20 厘米。通过智能设备的温度预设，使浸种温度均匀稳定在 11～12℃，浸种 7～8 天即可，可实现稻谷浸透率达 95%以上。种子浸好后，排除浸种液进行催芽。催芽时，根据催芽不同时期的温度要求，通过智能设备的温度预设，实现不同时期温度自动调控和温度的稳定均匀性，通过 20～24 小时催芽，使种子芽长达到 1.8～2 毫米，芽谷率达 92%以上。

4. 秧田准备

以机械整地为主，做到旱整地、旱做床。秋季粗做床，使置床平整细碎、土质疏松。春季细做床使置床化冻深度为 20～30 厘米，床面平整，每 10 平方米内高低差不超过 0.5 厘米；置床边缘整齐一致，步道砖摆放在一条直线上，每 10 米长度误差不超过 0.5 厘米；置床内无草根、石块等杂物；床面土壤细碎，无直径大于 1.0 厘米土块；床体上实下松，紧实度一致；床土土壤田间持水量为 60%～80%。

5. 摆盘装土

在做好置床和床土调酸、消毒、施肥基础上，进行摆盘装土，标准为：秧盘摆放横平竖直，盘与盘间衔接紧密，边盘用细土挤紧。普通秧盘盘内装土厚度 2 厘米；高性能机插盘和钵形毯式秧盘盘内装土厚度 2.5 厘米；钵育苗摆盘，将钵盘钵体的 2/3 压入泥土中，钵盘内装土深度为钵体高度 3/4。摆盘后采用微喷浇水，要一次浇透底水，使置床 15～20 厘米土层内无干土。

6. 机械播种

应用智能精播机播种，通过程控恒速、状态提示、故障报警等，确保播种质量，实现精量播种。当棚外气温达到 5℃、置床温度 12℃时即可播种。采用三膜覆盖或具备增温措施的大棚，4 月 8 日播种，钵育苗可于 4 月 5 日开始播种，4 月 20

日结束，最佳播期为 4 月 10—20 日。机插中苗播芽种 4 400 粒/盘（种子芽率 90%，机插中苗田间成苗率 90%，下同），即每 100 平方厘米播芽种 275 粒；8 行插秧机机插中苗，播芽种 3 600 粒/盘；钵育大苗播芽种 4~5 粒/穴；钵形毯式苗播芽种 3 800~4 000 粒/盘，每钵播芽种 5~6 粒。播种后覆土 0.5~0.7 厘米，覆土不能加入肥料、壮秧剂等。

7. 秧田管理

以旱育为基础，以同伸理论为指导，以壮苗模式为标准，通过温度、湿度的智能控制，实现大棚的自动调温、自动测墒、自动补水等物联网远程传输控制，确保秧田管理的“四个关键时期”（即种子根发育期、第一完全叶伸长期、离乳期、移栽前准备期）的各项技术措施到位，培育出标准壮苗。壮苗的标准：旱育中苗叶龄 3.1~3.5 叶，百株地上部干重 3 克以上；地上部 3、3、1、1、2、5、8、13，即中茎长 3 毫米以内，第一叶鞘高 3 厘米以内，第一叶叶耳与第二叶叶耳间距 1 厘米、第二叶叶耳与第三叶叶耳间距 1 厘米左右，第一叶叶长 2 厘米左右、第二叶叶长 5 厘米左右、第三叶叶长 8 厘米左右，株高 13 厘米左右；地下部 1、5、8、9，即种子根 1 条，鞘叶节根 5 条，不完全叶节根 8 条，第一叶节根 9 条突破待发。

8. 机械耕整

以翻地为主，旋耕为辅。翻地深度 18~22 厘米，旋耕深度 14~16 厘米；翻地要求做到扣垡严密、深浅一致、不重不露、不留生格。整地时要先旱整后水整，放水泡田 3~5 天垡片泡透后进行水整地。整地标准是同一田块内高低差不大于 3 厘米，达到“寸水不露泥，灌水棵棵到”，要在插秧前 15~20 天完成整地任务，确保有足够的沉降时间。

9. 机械插秧

当地温稳定通过 12～13℃时即可插秧。5 月 20 日前插秧行穴距规格为 30 厘米×12 厘米，5 月 21—25 日插秧行穴距规格为 30 厘米×10 厘米，密度为 25～30 穴/平方米，4～5 株/穴。钵育机械摆栽密度为 30 厘米×14 厘米，人工摆栽为 30 厘米×13.3 厘米，25 穴/平方米。

10. 配方施肥

施用化肥商品量 25～30 千克/亩，平安福生物有机肥 4 千克/亩，硅肥 5～10 千克/亩，氮、磷、钾比为 2∶1∶(1.8～2)。

(1) 基肥。结合最后一次水整地全层施入，施全育期氮肥的 40%、钾肥的 50%～60%，磷酸二铵和有机肥全部施入，秸秆还田的地增施尿素 2～3 千克/亩，以促进秸秆腐烂。

(2) 分蘖肥。分蘖肥用量为全生育期氮肥用量的 30%。分蘖肥要求早施，可分两次进行，第一次施分蘖肥总量的 70%～80%，于返青后 4 叶龄施用；第二次施分蘖肥总量的 20%～30%，11 叶品种于 5.5 叶龄、12 叶品种于 6.0 叶龄施于色淡、生长差、分蘖少处。

(3) 调节肥。施肥量不超过全生育期施氮肥量的 10%。11 叶品种于 7.1～8.0 叶龄、12 叶品种于 8.1～9.0 叶龄，根据功能叶片颜色酌施调节肥，防止中期脱氮。

(4) 穗肥。施肥量为全生育期施氮量的 20%和全生育期施钾量的 40%～50%，在抽穗前 20 天、倒 2 叶露尖到长出一半（11 叶品种 9.1～9.5 叶龄，12 叶品种 10.1～10.5 叶龄）时追施穗肥。

(5) 粒肥。剑叶色明显褪淡，脱肥严重处，抽穗期补施粒肥，用量不超过全生育期施氮量的 10%。

11. 间歇灌溉

汪泥汪水插秧，插后深水扶苗返青，发出新根后，撤浅水层保持3厘米左右浅水，直到分蘖临界叶位（11叶品种8叶龄、12叶品种9叶龄）撤水晒田3~5天，控制无效分蘖。以后转入以壮根为主的间歇灌溉，即每次灌3~5厘米水层，停灌，自然渗干，再灌3~5厘米水层，停灌，到剑叶露尖时再灌10厘米深水，做防御冷害的准备，如遇17℃以下低温时，增加水层17厘米以上（水温18℃以上），防御障碍型冷害。冷害过后恢复间歇灌溉，蜡熟末期停灌（出穗后30天以上），黄熟期排干（抽穗后40天）。

12. 病虫害统防统治

组织专业化防治队伍，选用当地推广的防治药剂，采用飞机与地面相结合方式进行立体防控。地面防治可采用自走式喷杆喷雾机、背负式机动喷雾机、高效宽幅远射程喷雾机等现代植保机械，重点防治稻瘟病、纹枯病、褐变穗、鞘腐病、稻飞虱、二化螟等病虫害。

13. 机械收获

水稻抽穗后40天以上，多数穗颖壳变黄，以完熟期为收获适期。

（1）机械割晒。水稻蜡熟期，割茬高度12~15厘米。放铺角度与插秧方向垂直，要横插竖割、放铺整齐，防止干湿交替，否则会增加水稻惊纹粒，降低稻谷品质。

（2）机械拾禾。水稻割后晾晒3~5天，稻谷水分降至15%~16%时及时拾禾，脱谷综合损失小于2%，谷外糙1%以下。

（3）人工收获。人工收割捆小捆，直径20厘米左右，码“人”字码，翻晒干燥，稻谷水分降至16%时及时上小垛码在池埂上，防止因雨雪使稻谷反复干湿交替，增加惊纹粒，降低稻谷品质。

（4）半喂入式机械直接收获。水稻完熟期开始收获，割茬高度为5~8厘米，收获损失小于1%，谷外糙小于0.1%。

（二）成本核算

1. 每亩租地成本

规模为100~200亩、200~500亩、500~1 000亩、1 000亩以上时，每亩租地成本均为600元。

2. 每亩农资投入

规模为100~200亩、200~500亩、500~1 000亩、1 000亩以上时，每亩农资投入均为255元，即种子38元，育秧大棚13元，棚膜、地膜、绷带11元，育秧盘6元，微喷系统2元，壮秧剂5元，肥料120元，病虫防治60元。

3. 每亩农机作业成本

（1）规模为100~200亩时，每亩农机折旧150元、柴油60元、人工70元，共计280元。

（2）规模为200~500亩时，每亩农机折旧140元、柴油60元、人工70元，共计270元。

（3）规模为500~1 000亩时，每亩农机折旧130元、柴油60元、人工70元，共计260元。

（4）规模为1 000亩以上时，每亩农机折旧130元、柴油60元、人工70元，共计260元。

4. 其他成本

每亩其他成本130元。

5. 每亩投入总成本

（1）规模为100~200亩时，每亩投入总成本1 265元。

（2）规模为200~500亩时，每亩投入总成本1 255元。

（3）规模为500~1 000亩时，每亩投入总成本1 245元。

（4）规模为 1 000 亩以上时，每亩投入总成本 1 245 元。

（三）效益分析

1. 目标产量收益

按每亩目标产量 550 千克，每千克稻谷 3.0 元计算，平均每亩产值=550 千克×3.0 元/千克=1 650 元。

2. 亩均纯收益

目标产量收益减去平均每亩投入总成本，即得亩均纯收益。

（1）规模为 100~200 亩时，亩均纯收益=1 650 元-1 265 元=385 元。

（2）规模为 200~500 亩时，亩均纯收益=1 650 元-1 255 元=395 元。

（3）规模为 500~1 000 亩时，亩均纯收益=1 650 元-1 245 元=405 元。

（4）规模为 1 000 亩以上时，亩均纯收益=1 650 元-1 245 元=405 元。

九、北方粳稻钵盘育秧全程机械化技术模式

（一）技术路线

北方粳稻钵盘育秧全程机械化技术模式主要集成的技术包括集中浸种催芽、植质钵育秧盘（可降解）、全自动化播种育壮秧、机械栽植、病虫害统防统治、机械收获。该技术模式的技术重点是：植质钵盘，适旱育秧；精量少播，钵育壮苗；机械浅栽，合理密植。主要技术突破包括如下几方面。

1. 水稻植质钵育秧盘

钵盘成分可为秧苗提供适宜的生长环境，使水稻秧苗具有良好的生长适应性，表现出秧根盘结不窜根、苗齐、苗壮、分

蘖效果显著，秧苗生长期 30~35 天。移栽到本田后 15 天内钵盘可快速降解，并形成土壤中的有机营养成分，改善了土壤的理化特性。

2. 水稻植质钵育秧盘生产

已实现产业化，生产成本为 1 元/片，能够满足水稻大规模生产的需要。

3. 植质钵育秧盘精量播种机

能够满足水稻不同品种类型芽种育秧播种要求，播种合格率达到 98%以上，较常规育秧省种 50%~60%，节省育秧土 30%~40%，生产效率达 600 盘/小时以上。

4. 水稻植质钵苗机械栽植

钵苗栽植机的单体分割秧针及推秧装置可完成单体分割、抓取、推秧、栽植的功能，实现钵盘与秧苗的连体栽植。

在育苗及本田栽培技术管理上，在品种选择、建立育秧基地、芽种生产、秧田准备、秧田管理、本田机械耕整地、水肥及病虫草害管理、机械收获等方面与“北方粳稻智能化旱育壮秧机插技术模式”一致，只是在播种和插秧环节有所不同。在播种时，要采用专用的植质钵育秧盘精量播种机播种，而在插秧时，要用专用的水稻植质钵苗机械进行移栽，移栽行穴距在 30 厘米×14 厘米以上。

（二）成本核算

1. 每亩租地成本

规模为 100~200 亩、200~500 亩、500~1 000 亩、1 000 亩以上时，每亩租地成本为 600 元。

2. 每亩农资投入

（1）规模为 100~200 亩时，每亩种子 38 元，育秧大棚 13 元，棚膜、地膜、绷带 11 元，育秧盘 50 元，微喷系统 2 元，壮秧剂 5 元，肥料 120 元，病虫防治 60 元，共计 299 元。

（2）规模为 200~500 亩时，每亩种子 38 元，育秧大棚 13 元，棚膜、地膜、绷带 11 元，育秧盘 50 元，微喷系统 2 元，壮秧剂 5 元，肥料 115 元，病虫防治 55 元，共计 289 元。

（3）规模为 500~1 000 亩时，每亩种子 38 元，育秧大棚 13 元，棚膜、地膜、绷带 11 元，育秧盘 50 元，微喷系统 2 元，壮秧剂 5 元，肥料 110 元，病虫防治 50 元，共计 279 元。

（4）规模为 1 000 亩以上时，每亩种子 38 元，育秧大棚 13 元，棚膜、地膜、绷带 11 元，育秧盘 45 元，微喷系统 2 元，壮秧剂 5 元，肥料 110 元，病虫防治 50 元，共计 274 元。

3. 每亩农机作业成本

（1）规模为 100~200 亩时，每亩农机折旧 150 元、柴油 60 元、人工 70 元，共计 280 元。

（2）规模为 200~500 亩时，每亩农机折旧 140 元、柴油 60 元、人工 70 元，共计 270 元。

（3）规模为 500~1 000 亩时，每亩农机折旧 130 元、柴油 60 元、人工 70 元，共计 260 元。

（4）规模为 1 000 亩以上时，每亩农机折旧 130 元、柴油 60 元、人工 70 元，共计 260 元。

3. 其他成本

每亩其他成本 150 元。

4. 每亩投入总成本

（1）规模为 100~200 亩时，每亩投入总成本 1 329 元。

（2）规模为 200~500 亩时，每亩投入总成本 1 309 元。

（3）规模为 500~1 000 亩时，每亩投入总成本 1 289 元。

（4）规模为 1 000 亩以上时，每亩投入总成本 1 284 元。

（三）效益分析

1. 目标产量收益

按每亩目标产量 650 千克，每千克稻谷 3.0 元计算，平均每亩产值=650 千克×3.0 元/千克=1 950 元。

2. 亩均纯收益

目标产量收益减去平均每亩投入总成本，即得亩均纯收益。

（1）规模为 100~200 亩时，亩均纯收益=1 950 元-1 329 元=621 元。

（2）规模为 200~500 亩时，亩均纯收益=1 950 元-1 309 元=641 元。

（3）规模为 500~1 000 亩时，亩均纯收益=1 950 元-1 289 元=661 元。

（4）规模为 1 000 亩以上时，亩均纯收益=1 950 元-1 284 元=666 元。

十、水稻生产的贷款

1. 农民专业合作社的金融支持

根据农民专业合作社的特点和需要，制定支持合作社的信贷政策，设立适合合作社发展需要的贷款项目，为合作社提供多种形式的金融支持和服务，满足合作社小额贷款的需求。对于经营规模大、带动作用强、信用评级高的合作社，特别是县级以上示范社，实行贷款优先、利率优惠、额度放宽、手续简化等优惠政策。保险机构还要积极为具备条件的合作社提供保险服务。

2. 支持龙头企业金融贷款

农业发展银行、进出口银行等政策性金融机构，加大对龙头企业固定资产投资、农产品收购的支持力度。鼓励农业银行等商业金融机构根据龙头企业生产经营的特点合理确定贷款期限、利率和偿还方式，扩大有效担保。

3. 农业信贷

农业信贷结构政策是国家为了保证农业信贷资金在农业生产各部门和各种生产之间实现合理配置而制定的原则。在实践中往往通过“区别对待，择优扶植”的政策来体现，即银行和信用社对农业企业发放贷款时，在调查研究的基础上，区别不同对象决定是否贷款、贷款额度、贷款期限、贷款条件和优惠程度，从而做到有所鼓励、有所限制，实现农业信贷结构政策的总目标。

主要参考文献

娄金华，苗兴武. 2016. 水稻栽培技术［M］. 东营：中国石油大学出版社.

邢丹英，雷昌云. 2017. 提高水稻生产效益 100 问［M］. 北京：金盾出版社.

张坚勇. 2015. 水稻高产创建与无公害生产技术［M］. 南京：江苏人民出版社.